小动物医学

第 3 辑 2016 年 10 月

宗旨	传播小动物临床知识 保障动物和人类健康幸福
目标	打造中国小动物医学发展交流的平台 世界了解中国兽医发展及国际交流的窗口

支持单位

招商规则

招商以注册产品为准，宣传不得夸大，不得发布虚假信息。

刊登的文章不得夹杂广告或商品信息，编委会有权对稿件根据实际情况进行编辑处理。

所有文章文责自负。

版权声明

封面故事

封面为犬骨肉瘤病例，X线片可见肿瘤生长在腰椎和荐椎结合部，向下突出压迫直肠，片中可见直肠受到压迫而变得狭窄。

编辑部：胡　婷　王森鹤

电话：010-53329912　010-59194349

投稿邮箱：cnjsam@163.com

编辑部地址：

北京市海淀区中关村SOHO大厦717室

邮政编码：100190

设计制作：北京锋尚制版有限公司

图书在版编目（CIP）数据

小动物医学. 第3辑 / 中国畜牧兽医学会小动物医学分会组编. —— 北京：中国农业出版社，2016.10

ISBN 978-7-109-22307-3

Ⅰ.①小… Ⅱ.①中… Ⅲ.①兽医学 Ⅳ.①S85

中国版本图书馆CIP数据核字(2016)第261199号

北京通州皇家印刷厂印刷　　新华书店北京发行所发行

2016年10月第1版　　2016年10月北京第1次印刷

开本：787mm×1092mm　1/16　印张：6

定价：28.00元

（凡本版出现印刷、装订错误，请向出版社发行部调换）

Small Animal Medicine

Vol. 3, October 2016

| Principles | To disperse the science and technology of small animal medicine, to protect the health and well being of both animals and human beings |

| Aim | To provide a forum for the exchange of information in small animal medicine, both for China and the international community |

Supporting Organizations

Regulations on Ad

Copyright Announcement

The Editorial Committee

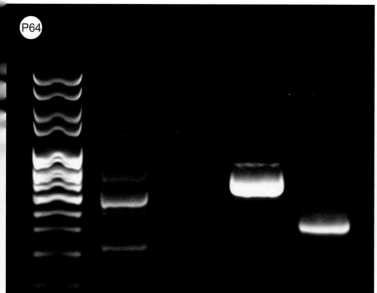
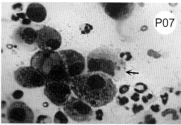
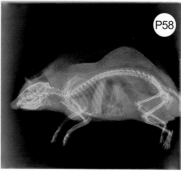

Contents 目　录

A milestone of the newest development of traditional Chinese veterinary medicine in the world
—International conference on the traditional Chinese veterinary medicine, Beijing 2016

August 28, 2016 is a day to be remembered because the international conference on TCVM organized jointly by the international society of TCVM, Beijing Small Animal Veterinarians Association, Asian Society of Traditional Chinese Veterinary Medicine and the Chinese Small Animal Medical Association were successfully held in Beijing, China.

Over 3,000 veterinarians from China and over 300 from more than ten countries and districts around the world participated in this conference. Participants are mostly small animal practioners. Thirty six guest speakers from overseas and China lectured on the application of TCVM in small animal medicine including the use acupuncture and herbal formulas. What are significant amongst the presentations are the discussions on the incooperation of traditional Chinese human medical theories (schools) into small animal practices.

One of the leaders of TCVM practioners from the US, Dr. Jiujia Wen, who has been working on small animals with acupuncture and herbal formulas presented his novel formula "Lymph K" in the treatment of mammary tumors in dogs, the trial resulted in extending the survival time of over 2 years in more than 80% of the cases treated, which indicated that the herbal formula is potentially a better choice for mammary tumor patients. Dr. Huisheng Xie, professor of the University of Florida has profound impact on the development of TCVM throughout the world. He established the "Chi Institute" in Florida and offering training courses for practitioners from all over the world. More than a dozen of books on the subject of TCVM has been published on his name, and a periodical journal of TCVM. Dr. Xie has extended his training programs to Asia, Europe, Africa and South America. "Chi Institute" is becoming the leading institution for TCVM CE programs of the world.

This conference in Beijing in 2016 established a milestone for future development of TCVM.

Shi Zhensheng

Chief Editors

Beijing

Sept. 18, 2016

世界中兽医学发展的又一个里程碑
——记2016北京世界中兽医大会

2016年8月28日对中国和世界中兽医界来说是一个值得纪念的日子。世界中兽医学会、亚洲传统兽医学会、北京宠物医师协会、中国畜牧兽医学会小动物医学分会等相关组织在北京宠物医师大会期间联合召开了一届盛况空前的世界中兽医大会。中外嘉宾在大会上做了36场学术报告。他们介绍了临床上应用针灸中药等治疗动物疾病的经验和体会，对传统中医理论中各学派在中兽医临床上的应用进行了探讨。

在美国从事临床工作三十多年的闻久家博士，介绍了专门用于治疗犬的肥大细胞癌，有效率达80%以上的中药配方"Lymph K"，为小动物和人医临床癌症治疗提供了极有价值的参考。他还总结了自己多年用针灸中药的经验，提出了一系列关于兽医针灸和中药应用方面的理论，包括"微量用药法"、"微量注射法"等，把中国传统兽医学有关中药方剂的理论推进了一大步，是中兽医学发展的重大突破。

美国佛罗里达州立大学谢慧胜教授在中兽医学向世界传播方面取得了非凡的成就。他在美国创办的"Chi Institute"，十几年来不断向美国及世界各地的兽医师推广中兽医学理论和方法，已经发展成美国第一所专门进行中兽医教学研究的高等教育机构，并于2015年获得中兽医硕士学位授予权。

这次大会取得圆满成功，是世界中兽医学发展的又一个里程碑，一定会为传统兽医学在世界的发展起到巨大的推动作用。

致谢：感谢闻久家博士和谢慧胜教授提供资料和为本文提供修改意见。

施振声

2016年9月18日于北京

猫癣菌性伪足菌肿的病例报告
Case report: Feline pseudomycetoma infection

佘源武[1*]　　陈义洲[2]　　陈瑜[1]

[1]广州百思动物医院，广东广州，510220
[2]华南农业大学动物医院，广东广州，510630

摘要：猫癣菌性伪足菌肿是由癣菌导致深部皮肤和/或者皮下感染的罕见疾病。本文通过临床症状、细胞学检查以及组织病理学检查确诊了一例猫癣菌性伪足菌肿。一只4岁雄性波斯猫，身上多处皮肤出现脱毛、结节以及黄色颗粒渗出，细胞学提示为化脓性肉芽肿性病变，组织病理学发现大量的真菌和菌丝，确诊为猫癣菌性伪足菌肿。使用伊曲康唑治疗1个月无效，最终进行了安乐死。

关键词：伪足菌肿，癣菌，化脓性肉芽肿

Abstract: Feline Dermatophytic Pseudomycetomas, a rare disease, is a deeper dermal and / or subcutaneous infection caused by dermatophytes.This paper reports the diagnosis of Feline Dermatophytic Pseudomycetomas by clinical sign, cytology and histopathology. A 4-year old male Persian cat showing alopecia, nodules and yellow granular discharges throughout the body. Cytology consists of pyogranulomatous lesion、multifocally fungal hyphae and spores were observed on histopathology. Feline dermatophytic pseudomycetomas was diagnosed. It was ineffective by itraconazole for one month. Euthanization were chosen by the owner at the end.

Keyword: Pseudomycetomas, Dermatophytes, Pyogranulomatous

1 病例情况

波斯猫，雄性，体重2.16 kg，4岁。该猫未进行完整的疫苗免疫，未进行体内、外驱虫。主诉近几个月该猫食欲减退，精神不振；4个月以前发现肛门周围以及阴茎处出现肿物并且逐渐增大，有血性、脓性液体流出，遂带至本院就诊。

2 临床检查

2.1 临床检查

体温39.5℃，心率未见异常，呼吸未见异常。全身皮肤多处存在脱毛病变，脱落大量鳞状皮屑，靠近阴茎处的病灶肿胀，表皮破溃，可见鲜红色的组织。肛周以及阴茎处肿物质地较硬，挤压会有黄色组织颗粒渗出（图1）。

通讯作者
佘源武　广州百思动物医院，邮箱：308628693@qq.com。
Corresponding author: Yuanwu She, 308628693@qq.com, Guangzhou Blessing Veterinary Hospital.

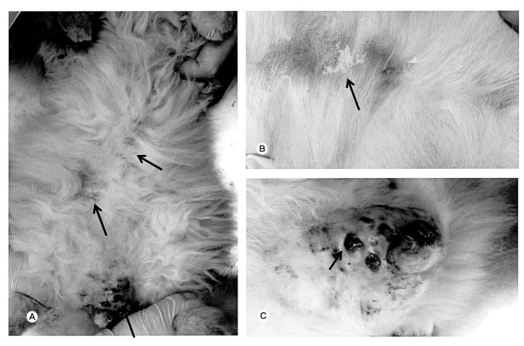

图1 A.患猫腹部病变外观。腹部多个位置（箭头所指）出现脱毛、皮屑以及渗出。B.脱毛病灶。患处脱毛、皮屑脱落以及表皮破溃。C.阴茎处病灶。阴茎周围肿胀，皮肤破溃，挤压时有黄色颗粒渗出

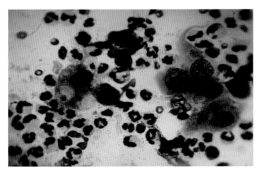

图2 化脓性肉芽肿性病变。炎性细胞以中性粒细胞和巨噬细胞为主（放大倍数1 000倍，Diff-Quik染色）

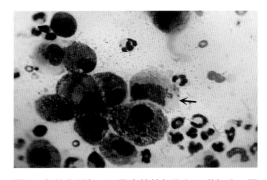

图3 有丝分裂象。可见中性粒细胞和巨噬细胞。图片中央可见一个有丝分裂象（箭头所指；放大倍数1 000倍，Diff-Quik染色）

2.2 细胞学检查

2.2.1 细胞学采样方法 使用5ml注射器对肿物进行抽吸后制作细胞学抹片。推片过程中有磨砂感，推片后风干进行Diff-Quik染色，并且在显微镜下观察。另外使用玻片，对肿物表面进行触片，染色后镜检。

2.2.2 细胞学判读 细胞学检查可见大量炎性细胞，主要为中性粒细胞和巨噬细胞（图2）。大部分中性粒细胞呈非退行性变化。巨噬细胞细胞质中度嗜碱性，内含有许多深染的不规则碎片。多处可见有丝分裂象（图3）以及多核巨细胞（图4）。细胞学符合化脓性肉芽肿性变化。样本中未见明显病原。

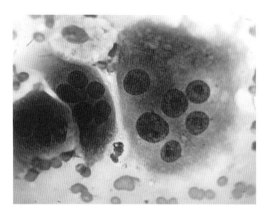

图4 多核巨细胞。图中可见3个多核巨细胞，每个单独的细胞内可见多个细胞核（放大倍数1 000倍，Diff-Quik染色）

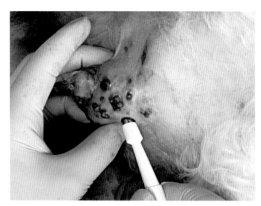

图5 活组织检查。使用活检打孔器，取多个部位的组织进行组织病理学检查

2.3 组织病理学检查

2.3.1 采样方式　使用 6mm 直径的组织活检打孔器，进行活组织采样（图5）。将活检组织放置于10%的中性福尔马林溶液中，送至德国纳博科林动物临床检验实验室进行组织病理学检查。送检样本为6个组织样本，大小为（0.1～1.1）cm×0.4 cm×0.3 cm，被全部包埋以进行组织病理学检查。

2.3.2 病理检查结果　在真皮层中可见中等程度至明显的炎症细胞浸润，以巨噬细胞为主，也可以见到中性粒细胞。内部多个区域可见真菌的菌丝和孢子。在送检部位，没有找到肿瘤性生长的迹象。组织学上诊断为严重的化脓性肉芽肿性炎症和真菌感染。

3 临床诊断

结合发病品种、发病部位的表现、细胞学和组织病理学结果等，诊断为猫癣菌性伪足菌肿（Dermatophytic Pseudomycetoma）。

4 治疗与预后

由于病变严重和涉及范围广，无法进行外科手术切除。使用伊曲康唑进行治疗1个月以后，由于治疗效果不明显及病变持续渗出等原因，最终主人选择对宠物进行安乐死。

5 讨论

5.1 临床表现

猫癣菌性伪足菌肿，是由犬小孢子菌引起的深部皮肤和/或者皮下感染，通常影响颈部、背部、尾部以及四肢。波斯猫，特别是已经绝育的母猫，更容易患此病[1]。猫癣菌性伪足菌肿的特点是无痛性的单一或者多发溃烂性皮肤结节，大小不一。这些结节或者溃疡灶通常会有黄色的颗粒流出。病灶部位可能出现脱毛、鳞屑等。根据报道，真菌性伪足菌肿不会涉及淋巴以及全身转移。目前，从一般的皮肤癣菌感染发展到真菌性伪足菌肿的机制尚不清楚。有报道称，患真菌性伪足菌肿的猫会有免疫缺陷或者异常的免疫反应。

5.2 诊断方式

猫癣菌性伪足菌肿的明确诊断是建立在临床症状、细胞学检查、病理学检查和真菌培养的基础上。采集病灶的渗出物或者使用注射器抽吸进行细胞学检查，细胞学表现通常为化脓性病变或化脓性肉芽肿性病变，有时可见有菌丝和小分生孢子等真菌元素存在[2]。如在该病例中，细胞学诊断为化脓性肉芽肿性病变，多处可见多核巨细胞，提示病变部位可能存在病原的情况，但是多次细胞学检查仍未见到明显的病原结构。在这些病例中，采样进行组织病理学检查通常可以见到结节状或者弥散性的肉芽肿性皮炎和脂膜炎，组织中含透明具有隔膜的菌丝。通过碘酸雪夫染色（Periodic Acid-Schiff stain，PAS）和六胺银染等特殊染色，可以更清楚地显示真菌结构。可以使用渗出物、抽吸物或者活检组织进行培养。大部分资料显示猫的真菌培养中，分离出来的只有犬小孢子菌。而在犬真菌培养中，分离出来的有犬小孢子菌和石膏样小孢子菌。该病例就诊过程中，曾建议主人对患猫进行真菌培养，但是主人不愿意接受。因此，无法得知确切的病原类型。

5.3 治疗方案

目前，猫癣菌性伪足菌肿治疗方式的相关报道较少。Bond等在2001年报道，在一个确诊为猫癣菌性伪足菌肿的案例中，使用手术切除和长时间的灰黄霉素和伊曲康唑治疗未能将患猫治愈。随后使用了特比萘芬进行长达8个月的治疗，最终由于病情逐渐恶化而选择了安乐死[3]。然而Nuttall等在2008年报道，猫癣菌性伪足菌肿对特比萘芬的治疗是有反应的。该报道中确诊了2例猫真菌性伪足菌肿病例，使用特比萘芬完全治愈其中一只猫，另外一只猫使用特比萘芬之后病灶减少了98%，剩下的病灶通过外科手术移除[4]。Shih-Chieh Chang等在2010年报道，对4例猫癣菌性伪足菌肿的回顾性研究中指出，在外科手术移除病灶组织前，口服特比萘芬是对该病有一定帮助的。本病例使用了1个月的伊曲康唑进行治疗，未见明显效果，建议主人更换治疗方式时，主人不接受。如果仅是单个或者多个较小病灶，建议进行手术切除。如果是弥散性病灶而无法切除，建议先使用抗真菌药物进行治疗。即使大范围的手术切除病灶之后，还经常会出现复发的情况。在手术前或者手术后联合全身性抗真菌治疗，比选择单一的治疗方式更加有效。

5.4 预后

猫癣菌性伪足菌肿的预后一般不良，如果出现单个病灶，能够进行外科切除再进行全身性抗真菌治疗，预后尚可。如果是全身多发性病灶，通常预后不良。对药物耐受以及复发的情况会经常发生。感染的动物有潜在的传染性，会引起其他动物和人的癣菌感染。

审稿：邓干臻　华中农业大学

参考文献

[1] Chieh Chang, Jiunn-Wang Liao. Dermatophytic pseudomycetomas in four cats. Veterinary Dermatology, 2010，22: 181–187.

[2] Keith A. Hnilica. Small animal dermatology. 3nd Elsevier，2011，102.

[3] Bond R, Pocknell AM, Tozet CE. Pseudomycetoma caused by Microsporum canisin a Persian cat: lack of response to oral terbinafine. Journal of Small Animal Practice 2001，42: 557–560.

[4] Nuttall TJ, German AJ, Holden SL et al. Successful resolution of dermatophyte mycetomas following terbinafine treatment in two cats. Veterinary Dermatology 2008，19: 405–410.

犬术后胃肠道粘连的诊治

Gastral-intestinal adhesions：Diagnosis and treatment for dog after GDV surgery

张拥军[1]　王彦博[1]　刘也[1]　张斌[1]　施振声[2*]

[1]北京荣安动物医院，北京海淀，100190
[2]中国农业大学动物医学院，北京海淀，100193

摘要： 2岁雌性德国牧羊犬2个月前接受过3次胃扭转手术。术后因为极度消瘦，食欲不振，腹围增大转诊本院。经X线拍片、钡餐造影和腹腔穿刺等初步诊断为术后胃肠道粘连。开腹探查结果：腹腔内集聚血水，腹腔脏器多被一层膜状结构包裹在腹腔上部。另外，腹腔内有破裂的血管出血。手术分离粘连的脏器，清除粘连组织，彻底清洗腹腔。术后恢复良好，食欲明显改善，体重增加，半年后出现了发情症状，配种怀孕产子。

关键词： 犬，术后，胃肠道，粘连

Abstract: A 2 year old German shepherd were reffered to our hospital because of extremely skinny, not eating well for a few weeks, after received three times of recurrent GDV surgeries during the past two month. Clinical presentation revealed lethargic, weight loss and abdominal distension. Radiogrphic examination indiacate that abdominal fluid filled and organs are collectively confined in a narrow area along the dorsal spine. The rest of the space of the abdomen are filled wilth blood and fibrous tissues. Abodominal exploratory surgery were performed and the adhesions of the GI tracts were restored, tissues of adhesions were removed and the abdominal cavity were thooroughly lavarged using warm saline. The patient recovered from the surgery and came into heat six month later, healthy pups were born after full term.

Keyword: canine, post-surgery, GI tract, adhesion

1　病例情况

2岁德国牧羊犬，雌性，未绝育。2个月前因为胃扭转做过3次腹腔手术。由于该犬极度消瘦、食欲差来院就诊。病史：饮水较正常，排尿接近正常。严重消瘦，肋骨可见。腹围大，呼吸快，呼吸困难，结膜、口腔黏膜苍白。

2　检查与诊断

2.1　触诊

腹腔膨大，有波动感，触诊不到腹腔内容物。

2.2　影像学检查

钡餐前后进行X线片拍摄（图1至图4）。

通讯作者
施振声　中国农业大学动物医学院，ndvet1@126.com。
Corresponding author: Shi Zhensheng, ndvet1@126.com，China Agriculture University.

图1 腹腔前部X线片可见肠管集中在腹上部一条狭小的区域（红色箭头），腹中部和下部被大量液体所充满（三角形图标）。肠管无内容物，有大量气体充盈

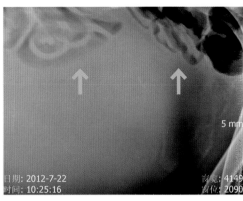

图2 腹腔后部，可见肠管也是集中于腹腔上部，靠近脊椎下方。腹腔则充满液体。膀胱影像与周边组织界线不清。直肠屈曲，充满气体，未见明显粪便

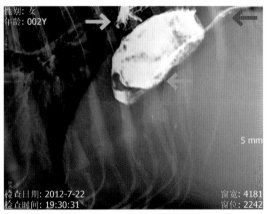

图3 钡餐造影后腹腔前部拍片，可见胃被挤压到膈后上部，钡餐进入小肠后段时，胃内仍然有钡餐残留，说明胃排空明显异常（蓝色箭头）。贲门部有钡餐残留（绿色箭头）。胃后上方细线状结构是十二指肠（棕色箭头），十二指肠无内容物，腔体十分狭窄

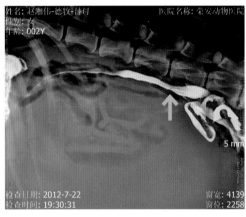

图4 小肠内可见钡餐造影剂已经位于小肠后段，小肠内有气体，局部膨大（绿色箭头）

2.3 诊断

根据该犬病史以及2个月前做过3次腹腔手术的事实，以及钡餐造影结果，初步诊断为腹腔脏器粘连。与主人商量后决定进行开腹探查手术。

3 手术

3.1 术前

术前化验：血常规检查、生化检查、血气、血凝及尿常规化验等。进行术前输液疗法、常规消炎等。

3.2 麻醉

采用异氟烷吸入麻醉。

3.3 手术

开腹探查，沿腹壁中线切开皮肤，常规打开腹腔后发现腹腔内充满了血水，用大号注射器抽取腹腔内血色积液约4 000ml。之后可见沿着脊椎由前向后的一个条带囊状的结构，胃、肠道等都被包裹在其中，并夹杂多量纤维素性丝状组织，还有大量漂浮于腹

腔液中的纤维素碎片。胃及小肠、大肠等腹腔脏器被一层膜状组织紧紧包裹在沿脊椎由前向后的一个狭长的空间里面，切开包被在脏器外的膜状结构，可见胃肠道等。清理腹内积液，并复位腹腔内脏器。经过近6h的手术，将腹腔脏器尽量复位，清除大量纤维蛋白形成的粘连物，修补浆膜破裂的肠壁多处。彻底冲洗，关闭腹腔。

3.4 术后

恢复良好（图5），食欲明显改善，体重增加，半年后出现了发情症状，配种怀孕产子。

4 讨论

本病历中腹腔脏器粘连的原因很有可能是在之前的手术中，缝合腹壁时没有将腹膜完全闭合，造成腹膜收缩，卷曲包裹在腹腔内脏器周围。腹腔内大量积血是由于腹膜部分脱落引起腹壁黏膜下组织血管出血。出血后纤维蛋白原析出形成纤维蛋白，大量的纤维蛋白在脏器之间形成粘连。

5 小结

a. 腹腔手术过程中尽量避免损伤腹膜和胃肠道的浆膜，特别是在复杂手术中。

b. 在关闭腹腔之前，仔细检查胃肠道浆膜有否破损，如果有破损应该进行修补。

c. 关闭腹腔时要特别检查腹膜，缝合时一定要将腹膜与腹壁一起缝合，不可遗漏。

d. 如果术后发现有肠道粘连的迹象，应该仔细检查，特别是当动物出现腹壁紧张，有触痛，食欲不振，渐进性消瘦等症状时要进行鉴别诊断。确诊后应该及时手术清除粘连。

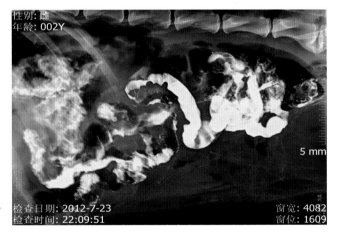

图5　术后再次进行钡餐造影，如图显示，肠管已经大体复位

参考文献

Donald Thrall. 2002. Textbook of veterinary diagnositic radiography, 4th ed.Saunders. 615.

Jorg Steiner. 2008. Small Animal Gastroenterology.schlutersche. 28.

Slater. 1999. Handbook of Veterianry Surgery, 4th ed. Saunders, 592.

Steve Ettinger. 2004. Handbook of Veterinary Internal Medicine, 6th ed. Saunders, 151.

病史

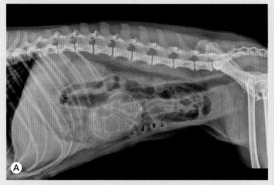

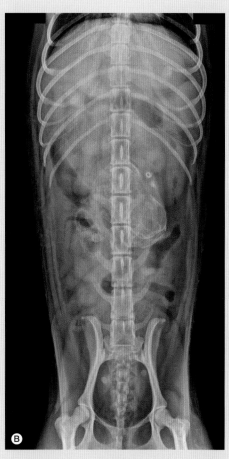

一只6岁、体重4.6kg、已绝育的雌性迷你贵宾犬因最近一周间歇性呕吐来院就诊。该犬在入院2周前被收养，更早的病史未知。临床检查，犬活泼机警，对外界反应正常，体况评估脱水5%。绝育手术切口愈合良好，切口轻度红肿，患犬乳头突出。腹部触诊可触及一坚实无痛感的肿物。临床检查中还发现该犬有中度牙病和右眼轻度晶状体硬化。入院一周前血液生化检测和血常规显示其网状细胞轻度增多，其他结果均在正常范围内。腹部X线片如图1所示。

图1　右侧位（A）和腹背位（B）X线片。最近一周间歇性呕吐史的6岁、体重4.6kg、已绝育的雌性迷你贵宾犬

确定是否需要追加影像学检查或者根据图1做出你的诊断

——结果见68页

世界传统中兽医学的过去和未来
Traditional Chinese Veterinary Medicine in the world: Present and future

谢慧胜*

美国佛罗里达中兽医学院，美国佛罗里达州，32686

中国传统兽医学（Traditional Chinese Veterinary Medicine，TCVM，简称中兽医学）作为一个医疗体系，在中国应用于动物疾病的治疗有超过2 000年的历史。这一医疗体系的发展靠的是古人对家畜疾病的研究，以及后代们不断添加自己的医疗体会及通过试验进行体系的完善。所以，中兽医学通过不断加入新的信息，时刻更新，自我完善。因此，虽然这一医疗体系中有很多治疗技术是古代的中国人民发现并开始实施，但中兽医学并不排斥外来文化以及先进的技术。

虽然中兽医学在中国已经有几千年的历史，但针灸和中药这些技术在近几年才在西方国家有所应用。可以说，中兽医学和西方兽医学的目标是相同的，都是希望维护健康、预防疾病，只是看待医疗问题及世界的角度不同。针灸和中药是传统兽医学最常用的两种治疗技术，因为它们历史悠久，并且其有效性得到了试验性证明。本文主要是根据已有的研究、杂志、书籍、报道等进行回顾，探讨世界传统兽医学的发展。

1 循证适应证

几千年的临床实践需要结合调查研究来实现循证医学的目标，这样才能更好地指导临床进行决策。中兽医学的接受度越来越高。为了能够将其作为合理的治疗手段呈现给动物主人和同行，其效果和优点能够得到科学的报道很重要。不管是人还是动物，有关针灸和中药治病机理以及临床试验的研究越来越多，相关内容通过PubMed在美国国家医学图书馆就能检索到。截止到2012年5月，能够搜索到的以"中草药"为关键词的文章有25 229篇，以针灸为关键词的英文文章或摘要有17 625篇。在这些文章中，有424篇是针对兽医学的，是中兽医学理论有效性的重要证据。

1.1 TCVM对于骨骼肌肉异常和疼痛管理（表1）

表1　TCVM对于骨骼肌肉异常和疼痛管理的简要总结

TCVM 方法	异常表现	品种	试验设计	结果
针灸或电针	跛行	马、矮马	双盲临床研究	
	慢性后背疼痛	马	双盲临床研究 综述 临床病例研究	缓解疼痛或有很好的镇痛效果

通讯作者
谢慧胜　美国佛罗里达中兽医学院，邮箱：shen@tcvm.com。
Dr. Xie Huisheng, Chi Institute, E-mail: shen@tcvm.com, Corresponding author.

续表

TCVM 方法	异常表现	品种	试验设计	结果
针灸或电针	绞痛和腹痛	马	双盲临床研究 回顾性研究 临床病例研究	缓解疼痛或有很好的镇痛效果
	术后疼痛	马、犬、牛、山羊	双盲临床研究	
	脊柱旁疼痛； 肌筋膜疼痛	马	临床病例研究	
	表现下降	赛马	双盲临床研究	运动能力提升
	骨骼肌肉系统异常	马、犬、猫、牛	回顾性研究	81.8% 完全恢复或有良好改善
针灸和中药	肌腱和关节损伤	马	回顾性研究	正面效果
	异常的骨骼和肌肉状态	马	回顾性文章	显著提高运动机能
	寰枢椎不稳定、膝关节脱位	犬	临床病例讨论	临床症状改善 80%
中兽医学经络检查	购买前检查	马	回顾性文章	购买时很好的评价指标
推拿或按摩	赛马	马	双盲临床研究 回顾性文章 面对面采访	增加躯干和运动器官的协调性
	马的背痛	马	临床试验	协调性改善
	后肢跛行、瘫痪、疼痛	美洲虎	临床病例讨论	恢复 95% 的运动功能，疼痛消失
	骨关节炎	犬	回顾性文章	减少关节疼痛、提高活动性
运动或食物疗法	骨关节炎	犬	双盲临床研究 回顾性文章	恢复功能
食物疗法	骨关节炎	犬	双盲临床研究	减少卡洛芬的用量

1.2 TCVM对于神经系统异常（表2）

表2 TCVM治疗神经系统异常的简要总结

TCVM方法	异常	品种	实验设计	结果
针灸或电针	神经异常	犬、猫、马	回顾性文章	76% 完全恢复或有很好改善
	椎间盘病	犬	双盲临床研究	比单纯手术效果更佳
	脊髓损伤	所有动物	回顾性文章	比单纯常规治疗更有效
	坐骨神经损伤	兔子	双盲临床研究	促进神经的再生
	在皮肤镇痛、血流动力学和呼吸作用、以及 β - 内啡肽浓度方面的作用	马	双盲临床研究	皮肤镇痛的同时无心血管和呼吸的负面效果
针灸和中药	椎间盘病	犬	临床病例研究	恢复正常功能
	纤维软骨栓塞	犬	临床病例研究	几乎恢复正常功能
	癫痫	马、犬	临床病例研究	癫痫完全解除
	创伤性颜面麻痹	马	临床病例研究	4 个月内完全恢复
针灸和镇静	评价麻醉状态	犬	双盲临床试验	实施安全、深度麻醉的一种方法
针灸和推拿	有多处压迫的椎间盘病	猫	临床病例研究	显著改善动物运动功能和脊髓姿势反应
针灸、推拿和中药	变性性脊髓病	犬	回顾性文章	很好的治疗方法
金珠埋植	特发性癫痫	犬	双盲临床试验	减少 50% 发作频率
针灸、理疗	急性四肢轻瘫	羊驼	临床病例研究	在 3 个月内恢复

1.3 TCVM对于胃肠道异常（表3）

表3　TCVM对于胃肠道异常的简要总结

TCVM方法	异常	品种	实验设计	结果
中草药	脾虚	牛、羊	双盲临床试验	恢复正常
	马急性腹泻	马	回顾性文章	分型治疗后恢复或改善
针灸和中药	马慢性腹泻	马	回顾性文章	治疗有效
	返流、厌食、多尿	金刚鹦鹉	临床病例研究	疗效持续48h
	胃腺癌	犬	临床病例研究	治疗120d后临床症状未见明显改善
	胃肠道紊乱	马	回顾性文章	减少内脏疼痛，稳定胃肠功能
针灸和/或电针	食道炎	猫	双盲临床试验	高频电针能增强食管下段括约肌压和食管的能动性
	腹泻	猪	双盲临床试验	有效控制腹泻
	胃肠动力不足	犬	双盲临床试验	恢复胃慢波和运动活力
	胃排空延迟	犬	双盲临床试验	出现治疗效果
	胃肠功能受损	犬	双盲临床试验	促进功能恢复，有治疗胃动力不足的效果
	胃肠道动力异常	犬	双盲临床试验	增加胃肠道活动的频率
	胃压力和收缩力变化	犬	双盲临床试验	电针能有效增加胃收缩的幅度和力量

1.4 TCVM对于肝胆疾病（表4）

表4　TCVM对于肝胆疾病的简要总结

TCVM方法	异常	品种	实验设计	结果
针灸和中药	肝气滞	马	临床病例研究	没有愤怒发作，表现良好
耳穴	四氯化碳导致的急性肝损伤	犬	双盲临床试验	对于肝脏损伤有很好的治疗效果
中药和臭氧疗法	四氯化碳导致的急性肝损伤	犬	双盲临床试验	减少转氨酶和血氨水平，减轻黄疸，延长存活时间
中药	急性实质性肝炎	马	双盲临床试验	中药优于常规疗法
	肝损伤	大鼠	双盲临床试验	有保肝作用

1.5 TCVM对于呼吸系统疾病（表5）

表5　TCVM对于呼吸系统疾病的简要总结

TCVM方法	异常	品种	实验设计	结果
针灸和/或中药	哮喘	猫	综述	分型治疗
	复发性气道梗阻	马	临床病例研究	临床症状得到控制
	急性上呼吸道疾病	马	临床病例研究	完全恢复，重新工作
针灸或电针	喉麻痹	犬	临床病例研究	临床症状显著恢复
	呼吸抑制	犬、猫	临床病例研究	66.6%完全恢复或者显著改善症状
	马慢性下呼吸道炎症	马	综述	是一种安全有效的治疗方法
	喉麻痹	马	回顾性研究	为治疗喉麻痹的有效手段
中药	过敏性鼻炎	鼠	双盲临床研究	通过中药调节了免疫耐受力
	过敏性支气管炎	鼠	双盲临床研究	减少支气管炎症

1.6 TCVM对于心血管系统疾病（表6）

表6 TCVM对于心血管系统疾病的简要总结

TCVM方法	异常	品种	实验设计	结果
针灸、中药和食物疗法	充血性心衰	犬	临床病例研究	心脏病控制良好
	贫血	所有动物	回顾性文章	有效缓解贫血
针灸和中药	血凝异常	马	短文介绍	改善原发性和继发性出血
	心血管异常	所有动物	综述	针灸配合使用和单独使用都有效果
	麻醉下开胸的动物	犬	双盲临床研究	有改善心血管功能的作用
针灸或电针	急性心肌缺血	兔	双盲临床研究	电针内关穴可改善左心室心肌收缩功能
	心脏功能	猫	双盲临床研究	电针内关穴对心血管共功能有良性作用
	心血管抑制	犬	双盲临床研究	在心肺复苏中有帮助

1.7 TCVM对于肾脏和膀胱异常（表7）

表7 TCVM对于肾脏和膀胱异常的简要总结

TCVM方法	异常	品种	实验设计	结果
针灸、中药、推拿和食疗	慢性肾脏疾病	猫	临床病例研究	肾脏功能显著改善，临床症状改善
针灸、中药、常规药物治疗	无菌性出血性膀胱炎	犬	临床病例研究	膀胱炎的症状在 3 个月内解除
针灸、中药、食疗	慢性泌尿道炎症	所有动物	综述	对于慢性泌尿道炎症的长期预后有好处
中药成份药物	肾脏损伤	兔	双盲临床研究	在减轻肾脏损伤上发挥重要作用
中药提取物	肾炎	鼠	双盲临床研究	显著抑制肾脏疾病的进展

1.8 TCVM对于生殖系统疾病（表8）

表8 TCVM对于生殖系统疾病的简要总结

TCVM方法	异常	品种	实验设计	结果
	生殖紊乱	马	综述	激素调节，改善平滑肌活力，疼痛和压力缓解
	生殖紊乱	犬、猫	回顾性文章	100% 完全恢复或有良好效果
	性成熟的发育	兔	双盲临床研究	调节下丘脑－垂体－肾上腺轴
针灸或电针	激素分泌异常	猪	双盲临床研究	针刺百会穴和 wei-ken 穴有诱导发情的作用
	控制发情和排卵	马	双盲临床研究	穴位注射可减少副作用的持续时间和严重程度
	诱导排卵	兔	双盲临床研究	促进下丘脑释放促性腺激素释放激素
中药提取物	牛乳房炎	母牛	双盲临床研究	作用强大，皮肤刺激小
中药	胚胎移植	母牛	双盲临床研究	对于植入胚胎的存活率有帮助
	对于精液质量	公猪	双盲临床研究	对于精液质量有良性作用

续表

TCVM方法	异常	品种	实验设计	结果
中药和针灸	胎衣不下	母牛	双盲临床研究	显著减少胎衣不下的发生率
耳穴	重复繁殖	母牛	双盲临床研究	提高妊娠率
顺势疗法	对于诱导发情和乏情期激素调节	母牛	双盲临床研究	增加血清雌二醇浓度

1.9 TCVM对于内分泌疾病（表9）

表9　TCVM对于内分泌疾病的简要总结

TCVM方法	异常	品种	实验设计	结果
针灸或电针	蹄叶炎	马	综述 临床病例研究	安全有效的辅助疗法
电针	蹄叶炎引起跛行	马、矮马	双盲临床研究	跛行临床症状改善
激光穴位疗法	蹄叶炎	马	预试验	减少炎症反应和肌肉痉挛，增加血液灌注，促进过氧化物的清除和伤口愈合
食物疗法结合针灸和中药	库兴式综合征和蹄叶炎	马	综述	通过个体辩证治疗后均有改善
中药	甲状腺切除兔（阳虚）	兔	双盲临床研究	手术切除后能够平衡T3，环磷酸腺苷、环磷酸鸟苷水平
	甲状腺机能亢进	猫	双盲临床研究	8周治疗中临床症状有显著改善

1.10 TCVM对于其他疾病（表10）

表10　TCVM对于其他疾病的简要总结

TCVM方法	异常	品种	实验设计	结果
针灸和中药治疗	无黑色素的黑色素瘤	马	临床病例研究	肿物在4个月的时间完全消退
	颈部纤维肉瘤	犬	临床病例研究	面神经麻痹解除，在治疗9周后未见肿瘤加重的倾向
	齿源性肿瘤	犬	临床病例研究	肿物的尺寸减少30%
	棘皮瘤型龈瘤	犬	临床病例研究	肿物的尺寸显著减少
	无汗症	马	预试验	临床症状显著减少
	头部摇摆和后肢气滞	马	临床病例研究	临床症状消失
针灸	肿瘤	所有动物	综述	对乳腺肿瘤和恶性黑色素瘤的治疗效果很好，淋巴肉瘤和脑肿瘤的效果好，肝脏肿瘤未见效果
	肉状瘤	马	回顾性研究	肿物的尺寸显著减小
	非特异性脱毛	猫	临床病例研究	治疗4个月后毛发恢复正常
中药配合手术	乳腺肿瘤	犬	双盲临床研究	存活率显著增加
中药和食物疗法	严重的过敏性脓皮病	犬	临床病例研究	皮肤的症状得到显著提高
中药	跳蚤过敏性皮炎	犬	临床病例研究	治疗1个月后，所有的炎症、脱皮和瘙痒的症状得到改善
所有的TCVM方法	老年马匹	马	综述	有效

2 兽医学院的教育和临床实践

在中国，大多数兽医院校的兽医课程中中兽医课程的课时大约设置在100h，涉及的学校有：中国农业大学、河北农业大学、吉林农业大学、南京农业大学、西南大学、华南农业大学、扬州大学、甘肃农业大学、内蒙古农业大学。国际健康组织的补充和替代医学中心（NCCAM）将针灸和中药归为补充和替代兽医学中的一部分。全世界有41家美国兽医协会认可的兽医学院，其中31家位于美国和加拿大，10家位于欧洲和澳大利亚。有人对这41家兽医院校进行过调查。调查的34家兽医院校中，有16家学校表明能够提供补充和替代医学相关课程（表11）。课程设置中，针灸、营养疗法、复健理疗是最常见的形式。那18家没有补充和替代疗法的院校，在其他课程中也会有介绍，并且有4家院校计划在5年之内开设补充和替代医学的课程。中国几乎所有兽医院校都将包括针灸和中药在内的补充和替代医学作为临床课程开设。另一项研究表明，31家美国兽医协会认可的兽医院校中有17家（54%）有经过认证或对针灸有兴趣的兽医师，或者能够对动物实行针灸治疗的兽医师。

3 由国家和国际组织认可的继续教育（CE）工作人员

在过去10年间，国家和国际的兽医会议中与中兽医学相关的课程数量逐年增加（表12），美国兽医协会、南美兽医大会、西部兽医大会、世界小动物兽医协会会定期开展有关中兽医的继续教育活动。气中兽医研究所（气研究所）、科罗拉多兽医协会（CVMA）和国际兽医针灸学会（IVAS）已经开展了130h的兽医针灸课程。气中兽医研究所、国际兽医针灸学会（IVAS）和兽医草药医学协会（VBMA）有中草药医学相关课程。气研究所有兽医食物疗法和推拿疗法的课程。

表11　美国兽医协会认可的可以提供补充和替代疗法课程和服务的院校列表以及其联系方式

院校名称	CAVM课程是否包括针灸	针灸是否应用于兽医临床治疗	网站
科罗拉多州大学	是	是	http://www.cvmbs.colostate.edu/
艾奥瓦州立大学	是	否	http://vetmed.iastate.edu/
路易斯安那州立大学	是	否	http://www1.vetmed.lsu.edu/
梅西大学	是	否	http://www.massey.ac.nz
莫道克大学	是	是	http://www.murdoch.edu.au
北卡罗来纳州立大学	是	是	http://www.cvm.ncsu.edu/
得克萨斯农机大学	是	否	http://vetmed.tamu.edu/
加利福尼亚大学戴维斯分校	是	是	http://www.vetmed.ucdavis.edu/
佛罗里达大学	是	是	http://www.vetmed.ufl.edu/
乔治亚大学	是	否	http://www.vet.uga.edu/
明尼苏达大学	是	是	http://www.cvm.umn.edu/
蒙特利尔大学	是	否	http://www.medvet.umontreal.ca
宾夕法尼亚大学	是	是	http://www.vet.upenn.edu/
爱德华王子岛大学	是	否	http://avc.upei.ca
弗吉尼亚理工大学和马里兰大学	是	是	http://www.vetmed.vt.edu/
华盛顿州立大学	是	是	http://www.vetmed.wsu.edu/

表12　年会中提供中兽医学继续教育课程的国家和国际组织列表以及它们的联系方式

组织名称	年会	与TCVM相关的特殊认证项目	联系方式
美国兽医针灸学会（AAVA）	是	奖学金	http://www.aava.org
美国传统兽医协会（AATCVM）	否	网络支持	http://www.aatcvm.org/chrismanc@ajtcvm.org
美国马兽医协会（AAEP）	是	无	http://www.aaep.org/aaepoffice@aaep.org
美国整体兽医协会（AHVMA）	是	无	http://www.ahvma.org/
美国兽医协会（AVMA）	是	无	http://www.avma.org/
气研究所	是	兽医针灸、中医药、食物疗法、推拿	www.tcvm.comadmin@tcvm.com
国际兽医针灸协会（IVAS）	是	兽医针灸、中医药	www.ivas.orginfo@ivas.org
北美兽医师大会（NAVC）	是	无	http://www.navc.com/
西部兽医大会（WVC）	是	无	http://www.wvc.org/
世界小动物兽医师大会（WSAVA）	是	无	http://www.wsava.org/
兽医植物医学协会（VBMA）	是	无	http://www.vbma.org/office@vbma.org
美国兽医疗法协会（AVCA）	是	认证的兽医脊柱按摩疗法	http://www.animalchiropractic.org/
兽医替代疗法	是	认证的兽医脊柱按摩疗法	http://www.animalchiro.com/

4　基金支持

越来越多的组织愿意出资支持有关针灸和中药的相关研究（表13）。

表13　出资支持TCVM研究的组织机构名单

组织机构名称	基金范围	联系方式
美国国家补充替代医学中心（NCCAM）	100 万～500 万美元	http://nccam.nih.gov/grants
摩利士动物基金会	10 000～50 000 美元	http://www.morrisanimalfoundation.org/
美国整体兽医协会 AHVMA	10 000～30 000 美元	http://www.ahvma.org/
美国马兽医协会 AAEP	10 000～20 000 美元	http://www.aaep.org/
美国兽医针灸学会	<10 000 美元	http://www.aava.org/php/aava_blog/
美国传统兽医协会 AATCVM	<10 000 美元	http://www.aatcvm.org/

5　中兽医从业者和公司（表14和表15）

表14　截止到2012年5月26日，全世界用传统中国兽医治病的教学和专业机构列表

大陆	国家	组织和联系方式	TCVM的参与人数
美洲	美国	气研究所：www.tcvm.com 国际兽医针灸协会（IVAS）：www.ivas.org 美国兽医针灸学会（AAVA）：www.aava.org	5 000
	加拿大	加拿大兽医针灸师协会（AVAC）：www.avac.ca 气研究所：www.tcvm.com 国际兽医针灸协会：www.ivas.org	500
	中美和南美	巴西兽医针灸协会：www.bioethicus.com.br 气研究所：www.tcvm.com 国际兽医针灸协会：www.ivas.org	350

续表

大陆	国家	组织和联系方式	TCVM的参与人数
欧洲	西班牙	兽医针灸协会：http://asociacionveterinariansacupuntures.blogspot.com 欧洲气研究所：http://www.mvtc.es	300
	意大利	意大利兽医针灸协会：www.siav-itvas.org	300
	英国	英国兽医针灸师协会：http://www.abva.co.uk/	400
	德国	德国兽医针灸学会（GerVAS）：http://www.gervas.org/ 气学院：http://www.tierdoc.org/	500
	其他欧洲国家	气研究所：www.tcvm.com and www.mvtc.es 国际兽医针灸协会：www.ivas.orgABVA: http://www.abva.co.uk/	500
澳大利亚		澳大利亚兽医针灸团体（AVAG）：http://www.acuvet.com.au/	300
新西兰		整体兽医协会： http://www.holistic.nzva.org.nz/	30
亚洲	中国	中国传统兽医学会：http://www.atcvm.cn/	1 000
	其他亚洲国家	气研究所：www.tcvm.com	300
非洲		气研究所 :www.tcvm.com and www.mvtc.es 国际兽医针灸协会：www.ivas.org	50
总计			9 530

表15　中草药公司和针灸供应商的名单

公司名称	货物	联系方式
北加州任宝生公司 Bio Essence Corporation	胶囊 丸剂	Min Tong 1030 Ohio Avenue, Richmond, CA 94804 info@bioessence.com
蓝光公司 Blue Light	提取物颗粒 浓缩粉 丸剂 胶囊	Treasure of the East 631 West Buffalo Street Ithaca, NY 14850 info@treasureofeast.com www.treasureofeast.com
鹤草公司 Crane Herb Company	胶囊 丸剂	745 Falmouth Road Mashpee, MA 0264 nfo@craneherb.com www.craneherb.com
谢医生"经堂"中药厂	提取物颗粒 丸剂 胶囊 原料细粉	9700 West Hwy 318 Reddick, FL 32686 admin@tcvm.com www.tcvmherbal.com Free consultation Veterinary productions only
金花中药 Golden Flower Chinese Herbs	提取物颗粒 丸剂 胶囊	2724 Vassar Place NE Albuquerque, NM 87107 www.gfcherbs.com
健康关注 Health Concerns	提取物颗粒 丸剂 胶囊 原料细粉	8001 Capwell Drive Oakland, CA 94621 www.healthconcerns.com/home.php
坎氏中药	乙醇提取物 提取物颗粒 丸剂 胶囊	6001 Butler Lane Scotts Valley, CA 95066 info@kanherb.com www.kanherb.com

续表

公司名称	货物	联系方式
明维美国 Mayway USA	原料药 提取物颗粒	1338 Mandela Parkway Oakland, California 94607 www.mayway.com
Nuherbs Co.		3820 Penniman Ave. Oakland, Ca, 94619 http://nuherbs.com
Qualiherb	提取物颗粒	116 Pleasant Street Ste 328 Easthampton, MA 01027 www.qualiherb.com
传统医学研究所 Institute of Traditional Medicine （ITM）	提取物颗粒 丸剂 胶囊	Seven Forests 2017 SE Hawthorne Blvd. Portland, OR 97214 www.itmonline.org
Spring Wind	原料药	2325 Fourth Street, Suite 6 Berkeley, CA 94710 customerservice@springwind.com www.springwind.com
Sun Ten Laboratories	提取物颗粒	9250 Jeronimo Rd. Irvine, California 92618 www.sunten.com
Zand Chinese Formulas	乙醇提取物	1441 West Smith Road Ferndale, WA 98248 www.zand.com

6 杂志和书籍（表16）

表16　与TCVM相关的杂志和书籍

杂志和书名	作者和/或出版商	联系方式
美国中医学杂志 * Am J of Chinese Medicine*	世界科学出版社（World Scientific Publishing）	www.worldscinet.com/ajcm/
美国中兽医学杂志 Am J of TCVM	美国传统兽医协会（American Association of Traditional Chinese Veterinary Medicine ）	www.aatcvm.com
美国动物医院协会杂志 J Am Ass Hos Ass*	美国动物医院协会（American Animal Hospital Association）	www.jaaha.org/
美国整合兽医协会杂志 J of AHVMA	美国整合兽医协会（ American Holistic Veterinary Medical Association ）	www.ahvma.org
美国兽医协会杂志 * J Am Vet Med Ass*	美国兽医协会 （american veterinary medical association）	www.avma.org
中兽医学新闻 TCVCM News	Jing-tang 经堂	www.tcvmherbal.com
针灸穴位 The Points	国际兽医针灸协会（international veterinary acupuncture society）	www.ivas.org
经络 The Meridians	美国兽医学解剖学家协会（American Association of Veterinary Anatomists）	www.aava.org
兽医针灸学（第二版）：古典艺术到现代医学，2001 Veterinary Acupuncture （2nd ed）: Ancient Art to Modern Medicine, 2001	Allen M Schoen，莫斯比出版社	www.mosby.com
兽医中草药 Veterinary Herbal Medicine, 2007	Susan G. Wynn & Barbara Fougere，莫斯比出版社	www.mosby.com

续表

杂志和书名	作者和/或出版商	联系方式
补充和替代兽医学：原则和实践，1988 *Complementary and Alternative Veterinary Medicine: Principles and Practice, 1998*	Allen M Schoen & Susan Wynn，莫斯比出版社	www.mosby.com
中兽医学，1994 *Traditional Chinese Veterinary Medicine, 1994*	Huisheng Xie，中国农业大学	www.tcvm.com
中医药基本原则（第二版），2012 *Traditional Chinese Veterinary Medicine–Fundamental Principles（2nd ed），2012*	Huisheng Xie & Preast Vanessa，气研究所出版社	www.tcvm.com
马匹针灸学，1993 *Equine Acupuncture, 1993*	Zhongjie Liu, Huisheng Xie, Jianqin Xu and Kejia Zhang，中国农业大学	N/A
谢氏中草药，2010 *Xie's Chinese Veterinary Herbology, 2010*	Huisheng Xie and Vanessa Preast，Wiley–Blackwell 出版社	www.wiley.com
中兽医实验技术到科学验证：2010 *Traditional Chinese Veterinary Medicine–Empirical Techniques to Scientific Validation, 2010*	Yang Zhiqiang & Huisheng Xie，Jing-tang 出版社	www.tcvm.com
稀有动物的传统中兽医药，2011 *Traditional Chinese Veterinary Medicine in Exotic Animals, 2011*	Huisheng Xie, and Lisa Trevisanello，Jing-tang 出版社	www.tcvm.com
神经系统疾病的中兽医治疗，2011 *Traditional Chinese Veterinary Medicine for Neurological Diseases, 2011*	Huisheng Xie, Cheryl Chrisman and Lisa Trevisanello Jing-tang 出版社	www.tcvm.com
兽医学中推拿的应用，2006 *Application of Tui-na in Veterinary Medicine, 2006*	Huisheng Xie & Bruce Ferguson，Jing-tang 出版社	
中兽药手册（第三版），2012 *Chinese Veterinary Herbal Handbook（3rd ed），2012*	Huisheng Xie，气研究所出版社	www.tcvm.com

★SCI 期刊

7 发展趋势

在中国过去的2 000年中，包括针灸和中药在内的中兽医学在治疗和预防动物疾病以及维护动物健康和福利方面扮演着重要角色。中兽医学在世界兽医学领域的发展中逐渐流行开来。它会渐渐被世界兽医各大协会所认同和支持，包括美国兽医协会（AVMA）和世界小动物兽医师大会（WSAVA）。如果以下几方面在10~20年内很好完成，针灸会被AVMA专业委员会认可，并且中兽医学会成为主流医学。

7.1 10年间更多的临床实践研究证明TCVM的有效性

为了能够将TCVM作为科学合理的治疗技术呈现给客户和同行，将中兽医学的有效性系统地记录下来很重要。虽然越来越多有证可循的研究报道了TCVM的临床有效性，还需要更多的随机对照试验来验证TCVM对于特定临床疾病的有效性。更多的兽医院校开放中兽医学，更多的基金组织（包括NIT和MAF）愿意支持TCVM的临床研究，这使得全球范围内实行TCVM相关随机对照试验便得更容易。

7.2 10年间世界范围内有高水平的培训出现

美国应用中兽医的兽医师的数量大约有5 000人，占全美兽医师总数的6%。在世界范围内，大约有9 500位兽医师实践中兽医学（表14）。近来有研究表明，在AVMA认可的41家院校中，有16家提供补充和替代医学（CAVM）的正式课程，其中就包括针灸。由于中兽医学历史悠久、副作用小、越来越多得到实践证明，美国和其他西方国家的兽医师积极寻找与传统兽医学相关的培训，包括针灸和中药。在这一流行趋势下，大约20 000兽医师（目前的统计数字会加倍）希望在2022年前得到来自气研究所、IVAS和兽医学校的正规的中兽医学的培训。华南农业大学动物医学院（广州，中国）和中医药气研究所（佛罗里达州，美国）开展了TCVM硕士学位等级的短期合作计划。在获得此硕士学位（MS）之前，候选人必须在佛罗里达大学、华盛顿州立大学和西南大学的学院委员会监督下完成一项与TCVM相关的随机对照试验，并且论文必须是发表在高质量的杂志。

Dennis Wilcox，DVM，MS是第一个华南农业大学的TCVM 硕士学位的获得者，其成就是发现了海藻玉壶汤对甲亢猫的治疗效果。另一个很好的例子是来自清迈大学的Porrakote Rungsri，她获得TCVM的兽医硕士学位是由于在清迈大学开展了随机对照试验，发现电针对运动马匹后背疼痛的疼痛阈值的作用。还有一个例子是Ayne Murata Hayashi，她是巴西ão Paulo大学兽医学院的DVM，她的硕士学位论文与针灸在治疗犬椎间盘病上的有效性相关。佛罗里达大学目前正在进行临床试验研究，验证中兽医学在马匹无汗症治疗和老年动物生活质量提高的有效性。在接下来的10年里，其他一些能够验证TCVM有效性的临床研究会涉及：疝气、巨结肠、腹泻、上呼吸道疾病、下呼吸道疾病、骨关节炎、蹄叶炎、跛行、糖尿病、库兴氏病、过敏性疾病、肾功能衰竭、肝脏疾病和其他慢性疾病。

为了能够将TCVM作为科学合理的治疗技术呈现给客户和同行，将中兽医学的有效性系统地记录下来很重要。

7.3 20年间开展中药安全性和毒性的研究

很多临床研究证明，不同类型的中药在治疗骨骼肌肉系统疾病、神经系统疾病、心脏病、肺病、皮肤病、内分泌病、胃肠道病、泌尿系统疾病、生殖系统疾病、肿瘤性疾病和免疫先关疾病上有很好的疗效。中医药最初被称为"草药"，草是植物，药是药物。然而，很多消费者并不认为中草药是药物，因为它们来源于自然，所以认为服用上很安全。不幸的是，中草药并未被规定为药物，而是列为营养补充品。因为中草药被错误的认为比药物安全，可以按高于推荐计量、高于推荐用药时间长期服用。但是，超计量误用和超期服用中草药会导致中毒。因为中草药在美国和其他西方国家的人医和动物上已经广泛应用于疾病的预防和治疗，所以有关其副作用的报道也越来越多。对于使用中草药治疗动物疾病的兽医师来说掌握中药的毒副作用很重要。在20年内，有证据支持的药物间相互作用、潜在的毒性反应，以及与传统治疗药物间的影响将会被研究并发表，届时中草药的使用安全性将会得到保证。

7.4 20年间开展针灸治疗机理的研究

针灸镇痛有效的机制与控制神经传导介质，β-内啡肽和5-羟色胺的释放相关。然而，经络系统在针灸治疗的机制中发挥的作用也需要彻底的研究。虽然目前的研究为经络系统的存在以及其功能提供了初步的科学支持，在接下来的20年间，研究的重点将会落在经络的实质是神经、体液、能量、结缔组织、未知功能的已知结构组织等综合概念，这将会使医学和兽医学推向一个"革命"性的新高度。

译者：高蕊　北京农学院
审稿：陈武　北京农学院

（参考文献略，需者可函索）

犬猫胰腺炎的诊断
Diagnosis of pancreatitis in dogs and cats

译者：麻武仁　何冰*
原文作者：P. G. Xenoulis
选自英国小动物协会小动物临床杂志，2015(56)

摘要： 胰腺炎是犬猫胰腺外分泌部最常见的疾病。犬猫胰腺炎临死前的诊断较具挑战性。犬猫胰腺炎临床表现变化较大（从轻微到严重，甚至致命），且其是以非特异性检查结果为特征。虽然，全血细胞计数、血清生化检查和尿检的结果对于诊断胰腺炎并不具有特异性，但对疑似胰腺炎的犬猫进行这些检查是十分必要的。血清淀粉酶和脂肪酶活性以及胰蛋白酶样免疫反应性（TLI）浓度不具有或仅有有限的犬猫胰腺炎临床诊断意义。相反，检测血清脂肪酶免疫反应性（PLI）浓度近来被认为是诊断犬猫胰腺炎可选的临床病理学检测方法。腹部X线片检查可以作为一种有效的诊断方法来排除其他和胰腺炎有相似临床症状的疾病。腹部超声检查对诊断胰腺炎很有帮助，但是其很大程度上依赖于临床医师的经验。病理组织学检查被视为犬猫胰腺炎诊断和分类的金标准，但其仍存在局限性。在临床实践中，综合考虑动物病史、血清PLI浓度和腹部超声检查结果，如果可以或者需要可再加上胰腺细胞学检查和病理组织学检查，对犬猫胰腺炎进行确诊或排除被认为是各项诊断程序中最可行且最可靠的方法。

1 前言

胰腺外分泌部障碍在临床上很常见，并且近年来胰腺炎是最常见的犬猫胰腺外分泌部障碍疾病。严格地说，胰腺炎指的是胰腺外分泌部炎症（即炎性细胞的浸润）。可是，术语胰腺炎通常扩展至既包括主要以坏死（坏死性胰腺炎）为特征的胰腺外分泌部疾病，或也包括不可逆的结构病变如纤维变性（慢性胰腺炎），有时会有少量的炎症成分。根据一些持久性病理组织病变的有无，例如胰腺纤维变性和（或）萎缩（Xenoulis等，

2008），胰腺炎大致可分为慢性和急性两种形式。急慢性胰腺炎的分类与该病的诊断、治疗和预后都有着潜在的联系。

虽然近年来诊断技术在不断发展，但人们越来越认识到对胰腺炎作出准确的临床诊断是比较有挑战性的。相对于旧的诊断方法，一些新的诊断方法和诊断知识的使用频率在增加且变得越来越可行。正确地使用和解读这些诊断方法得出的结果对得出准确的诊断十分重要。虽然，诊断疑似胰腺炎的犬猫不可忽视其临床病征、临床表现和常规临

译者简介
何冰 西北农林科技大学，邮箱：15102973193@163.com。

床病理学检测结果，但本篇文章主要聚焦在用于特异性评估胰腺结构、功能和病理的诊断方法。

2 特征与风险因素

任何年龄、品种和性别的犬猫均有可能患上胰腺炎。虽然胰腺炎患病犬猫的年龄范围包括几个月到十五岁以上（Akol等，1993; Cook等，1993; Hess等，1998; Ferreri等，2003; Watson等，2010），但是大多数患病犬猫为中龄到老龄（通常大于五岁）。至于品种易感性，则不同地区可能存在差异。在美国，迷你雪纳瑞和㹴类犬（尤其是约克夏㹴）有较大的患胰腺炎风险（Cook等，1993; Hess等，1998; Lem等，2008）。在英国，有报道称可卡犬、查理士王小猎犬、边境牧羊犬和拳师犬患上慢性胰腺炎的风险较大（Watson等，2007）。在猫上还未发现有胰腺炎品种易感性（Akol等，1993; Hill 和 Van Winkle, 1993; Ferreri等，2003; De Cock等，2007）。

在大多数病例中，犬猫胰腺炎被认为是自发性的。可是，许多病理状态（例如，高甘油三酯血症、内分泌疾病、不良药物反应、有手术史、感染和饮食因素）也被认定是促使犬患胰腺炎的潜在风险因子，且有关猫的促胰腺炎风险因素则更加不明了。虽然，这些风险因素的因果关系还没有被清楚地论述，但是特定的临床症状伴随着这些因素出现时应怀疑胰腺炎的发生。在别篇文章及一些近期的出版刊物中也有关于胰腺炎的病理生理、起因以及风险因素的讨论（Mansfield, 2012a, b; Watson, 2012; Xenoulis 和 Steiner, 2013）。

3 临床症状及身体检查

近十年来，对犬猫胰腺炎临床表现的认识发生了巨大的改变。胰腺炎犬猫的临床表现差别较大。越来越多的证据表明，许多犬猫的胰腺炎为亚临床疾病，尤其是患有慢性

胰腺炎，且其他患病犬猫可能也只是表现轻度或非特异性的临床症状，例如间歇性的厌食和无力且无胃肠道症状。在这种情况下，由于医师对胰腺炎的怀疑度降低而可能造成漏诊。此外，患有严重急性胰腺炎的犬猫可能会呈现心血管休克、弥散性血管内凝血（DIC）或多器官衰竭，甚至随着临床症状的发展会在几个小时内死亡。

并没有单一或一系列的临床表现可以作为犬胰腺炎的确诊症状。患有严重急性胰腺炎的犬会典型地呈现厌食、无力、呕吐、腹泻或（和）腹部疼痛的急性发作（Hess 等，1998; Weatherton 和 Streeter, 2009）。病犬会表现上述症状的其中一个或多个，且是随机组合。在有些犬的身体检查中会发现脱水、腹部疼痛、黄疸、发热或体温过低、出血性素质或腹水等情况（Hess等，1998）。重症胰腺炎患病动物可能会出现严重的全身性并发症（例如，心血管休克、DIC或多器官衰竭）（Ruaux, 2000; Weatherton 和 Streeter, 2009）。相比于急性胰腺炎，慢性胰腺炎患犬大多呈现轻微且特异性的间歇性临床症状。这些间歇性临床症状包括厌食和无力，有时也会呈现体重下降、呕吐、腹泻和腹部疼痛（Watson等，2010; Bostrom等，2013）。值得注意的是，某些额外临床症状的发生一般是并发疾病的结果（例如，糖尿病动物出现多尿、多饮或胰腺外分泌部机能不全动物出现多食和体重下降）（Hess等，1998; Watson等，2010; Bostrom等，2013）。这对于轻度或慢性胰腺炎患犬十分重要，因为由胰腺炎本身引发的临床症状一般是轻微的或者没有，而并发疾病造成的临床症状则较明显，这很容易对医师产生误导。

猫胰腺炎临床症状与犬类似。一个重要的不同点在于大部分患病猫呈现厌食和（或）昏睡。胃肠道症状并不常见，其包括呕吐、体重丢失和腹泻（Akol等，1993; Hill和Van Winkle, 1993; Kimmel等，2001）。最常见的体检结果有脱水、黏膜苍白和黄疸。同时还

发现有呼吸急促和（或）呼吸困难、体温下降或发热、心率加速、腹痛表现和可触及的腹腔肿物的发生（Akol 等，1993; Hill 和 Van Winkle, 1993; Kimmel 等，2001）。与犬相似，患有重症胰腺炎的猫偶尔会出现严重的全身性并发症（例如，DIC、肺动脉血栓栓塞、心血管休克和多器官衰竭）（Schermerhorn 等，2004）。

4　常规临床病理检查

患胰腺炎犬猫的全血细胞计数（CBC）、血清生化检查和尿检结果并不具有特异性，因此这些检查是非诊断性的。然而，疑似胰腺炎的动物均应该进行上述检查，因为这些检查有利于诊断和排除其他疾病且十分有助于对动物的基本体况进行了解。另外，常规临床病理检查可以帮助医师对每个患病动物的胰腺炎严重程度进行评估并确定最佳的治疗方案。

胰腺炎犬猫的全血细胞计数、血清生化检查和尿检结果通常在正常临界值之内，尤其是在轻度胰腺炎病例中。此外，几乎所有种类的血相异常都可能出现在胰腺炎犬猫上，包括贫血或血液黏稠度提高、白细胞增多症或白细胞减少和血小板减少症（Akol 等，1993; Hill 和 Van Winkle, 1993; Hess等，1998; Kimmel等，2001; Ferreri等，2003）。临床病理学检查结果异常表现不同且不可预期（Akol 等，1993; Hill和 Van Winkle, 1993; Hess等，1998; Kimmel等，2001; Ferreri等，2003; Son等，2010）。各种肝酶活性增高和高胆红素血症的发生也很常见，因此这些指标的升高也提示了可能存在胰腺炎。在一些病例中，这些检查结果或许与肝外胆道阻塞有关（Mayhew等，2002, 2006; Son等，2010）。在猫上，也可能和并发的胆管炎或脂肪肝相关。有些病例还会出现血清肌酐浓度和血液尿素氮（BUN）浓度升高，且大多常与由呕吐、腹泻和（或）饮水量减少引起的脱水相关。在病情严重的病例中，氮质血症可能是

由于并发的肾衰引起的。其他可能出现的检查结果包括低蛋白血症、高甘油三酯血症、高胆固醇血症以及高血糖或低血糖症。也常见电解质紊乱的发生且各个病例表现各有不同，其中低钾血症、低氯血症和低钠血症最为常见。可见低钙血症的发生，但常见于猫（Kimmel等，2001）。一些凝血障碍的表现，例如活化凝血时间（ACT）、凝血酶原时间（PT）、部分促凝血酶原激活时间（PTT）延长，在某些病例中也可见到，且其可能与自发性出血有关或无关。在其他一些病例中，可能有结果提示DIC的发生，例如血小板减少、凝血时间延长（ACT、PT、PTT）和D-二聚体检测阳性。

4.1　胰腺功能与病理的血清学检查

针对既敏感又特异的胰腺炎血清学检测方法的研究在50年前就已经开始。从那时起，就有许多血清学检测方法得以发展和评估，但是大多数被证实对犬猫胰腺炎的诊断没有意义或者价值有限。值得一提的是，对于一项新检测技术准确性的判定需基于一个被广泛认可的金标准。虽然胰腺病理组织学检查通常被用作诊断犬猫胰腺炎的金标准，但其并不是理想的金标准（见病理组织学检查部分）（Xenoulis 和 Steiner 2012）。因此，读者们在阅读本文之后讨论的研究时应注意并明白这些研究结果是基于一个不完美的金标准得出的。还有一点值得注意的是，以一个单一数值来精确描述一项胰腺炎检测方法的敏感性是特别困难的，这是因为其受多因素的影响时常呈现不同的数值，包括研究类型的不同、使用的胰腺炎诊断标准的不同（即基于组织病理学证据、超声检查结果或所有可得的临床信息）、胰腺炎的类型不同（即急性或慢性、轻型或重型）以及所用临界值的差异等。因此，对不同的研究得出的结果进行直接比较是比较困难的。表1选取了一些针对犬猫胰腺炎实验室诊断方法的敏感性与特异性进行评估的研究结果进行了概述。

4.2 胰腺脂肪酶免疫反应性（PLI）检测

近来，PLI被认为是用于诊断犬猫胰腺炎的最敏感与特异的血清学检查方法。与传统脂肪酶活性检测方法相比，PLI的优点主要体现在两个方面：①胰腺脂肪酶是胰腺组织特有的；②和不能特异性地区分组织来源的传统脂肪酶检测方法相比，免疫测定法（即PLI测定）能够根据胰腺特有的脂肪酶结构测定血清中胰腺脂肪酶的活性（Steiner, 2000; Steiner等，2002, 2006; Hoffmann, 2008; Neilson-Carley等，2011）。因此，与传统血清脂肪酶活性检测相比，PLI检测有其自身的优势，使得它更适合被用于胰腺外分泌部的特异性检查。

最初发展的及被分析法证实的用于特异性测定犬（犬PLI）猫（猫PLI）（Steiner等，2003, 2004; Steiner和Williams, 2003）血清胰腺脂肪酶的免疫测定方法已经被一种更加广泛可得的免疫测定法（犬Spec cPL®和猫Spec fPL®）所替代，后者的临床效果与原始的PLI测定相似（Steiner等，2008; Huth等，2010）。Spec cPL的参考范围为 0~200 μg/L；Spec fPL的参考范围为 0~3.5 μg/L。两种测定方法都存在结果判定盲区（Spec cPL为201~399 μg/L，Spec fPL 为 3.6~5.3 μg/L）；盲区范围内的数值并不具有诊断意义，需要进一步检测或重测。浓度≥400 μg/L（Spec cPL）或≥5.4 μg/L（Spec fPL）被认为高度指示胰腺炎的发生。值得注意的一点是，Spec PL测定所使用的各种临界值具有一定程度的主观性，但是这些临界值现被用于各项研究中且被认为具有临床意义。

4.2.1 犬PLI 针对用于诊断犬胰腺炎的cPLI测定方法敏感性的临床研究和病理组织学研究均大体认为血清cPLI是诊断犬胰腺炎最敏感及特异的标志物（表1）。一项有84只实验犬参与并针对血清cPLI（Spec cPL）敏感性的唯一多机构临床研究表明，cPLI的敏感性范围在72%~78%（McCord等，2012）。3个剖检研究也对犬PLI的敏感性进行了确定

（Steiner等，2008; Watson等，2010; Trivedi等，2011）。但是，准确判定这些研究结果的临床意义是比较困难的，因为这些研究的胰腺炎诊断标准主要为组织病理学标准。因此，临床表现正常而胰腺存在组织病变但无临床意义的犬也被包含在这些研究当中（Steiner等，2008; Trivedi等，2011）。最近的一些研究（Trivedi等，2011）表明，在70只因不同原因进行安乐死的犬中，63只有胰腺炎组织病理学证据犬中，有56只（89%）仅有轻微的病变表现。在这三个剖检研究中，cPLI敏感性范围在21%（轻型胰腺炎，且很可能无临床意义）~71%（有中度组织学病变到重度胰腺炎）（表1）。不仅cPLI有如此大范围的敏感度（21%~78%），其他胰腺炎标志物也存在这个现象，这反映了每个实验的的实验设计、实验方法、实验犬数量本身的不同。但是，在上述提到的研究中，血清cPLI仍然是所有血清标志物中最好的一种（在敏感性与特异性方面）（Steiner等，2008; Watson等，2010; Trivedi等，2011; McCord等，2012）。

根据近年来的一些研究结果（Steiner等，2008; Watson等，2010; Trivedi等，2011）和已知慢性胰腺炎相关的发生组织病理学病变，如胰腺纤维变性与萎缩，认为与胰腺酶的漏出无关（Neilson-Carley等，2011），cPLI针对慢性胰腺炎的敏感性被认为比急性胰腺炎更低。一个有14只慢性胰腺炎犬参与的研究（Watson等，2010）表明，cPLI敏感性范围在26%~58%（依据不同的临界值），这更进一步支持了上述说法。可是这些病例中慢性胰腺炎的临床意义值得提出疑问，因为大部分犬有并发性疾病且可能并不是由于慢性胰腺炎引起的临床病征而接受检查。

与其敏感性相似，cPLI被认为是现行胰腺炎血清学检查方法中性特异最高的，其特异性范围在81%~100%（Strombeck等，1981; Simpson等，1989; Mansfield和Jones, 2000a; Steiner等，2001b, 2009; Neilson-Carley等，2011; Trivedi等，2011; Mansfield等，

2012; McCord等，2012）。之前提到的多机构临床研究表明，在有胰腺炎临床表现的犬群中该测定方法的特异性在81%~88%（McCord等，2012）。但是，该研究得出的结果可能偏低，因为如果没有其他临床数据支持该研究即认为结果是假阳性，即使有多个胰腺病理组织病变区域也不行。两个包括死亡或不同原因安乐死且组织病理学诊断非胰腺炎犬的剖检研究表明，如果使用400 $\mu g/L$作为临界值，血清Spec cPL的特异性将达到100%（Trivedi等，2011）和90%（Mansfield等，2012）。另一项有40只不同原因安乐死且组织病理学诊断胰腺正常犬的剖检研究则表明，若使用400 $\mu g/L$作为临界值，血清Spec cPL的特异性将达到98%（Neilson-Carley等，2011）。可是，值得注意的是，上述剖检研究所涉及的犬均没有胰腺炎临床表现或者疑似胰腺炎，因此其中的许多犬并不会进行胰腺炎诊断检测。在另一项研究中，包括25只有胰腺炎临床表现（即呕吐）最终发展成为胃炎的犬，且仅有一只犬可能呈现假阳性结果，发现该检测方法的特异性达到96%（Steiner, 2000）。实验室诱导的慢性肾衰（Steiner等，2001b）和长期使用泼尼松（Steiner等，2009）并未发现会对血清cPLI浓度造成具有临床意义的影响。同样，超声引导的细针穿刺或手术活检进行胰腺取样并不会引起健康犬体内血清cPLI浓度的任何升高（Cordner等，2010）。但其是否对患病胰腺也不存在影响还有待考证，且近来有建议应在胰腺组织取样前对血清cPLI浓度进行测定。最后，还有一个无对照的关注点在于，高浓度的cPLI可能与临床意义并不大的胰腺炎症有关，或在一些病例中胰腺炎并不是首要疾病（如邻近小肠存在异物）。因此，血清cPLI浓度是否能够用于检测组织病理学变化轻微的胰腺炎还有待考证，虽然其临床意义较小。无论是哪个情况，均不应该以PLI结果作为唯一诊断标准对胰腺炎进行确诊，而应该对动物大体临床及临床病理学表现以及超声检查结果、胰腺细胞学检查或病理组织学检查进行综合仔细分析以得出结论。

4.2.2 犬SNAP PL 最近，一种快速、临床实用、半定量及结果可读的用于犬血清胰腺脂肪酶检测的方法已经问世（Beall等，2011）。该检测方法提供一个与参考范围上限相对的参考值，以及一个可与参考值比对的样品检测值（Beall等，2011）。因此，快速检测的结果只有正常（比参考值低）与不正常（等于或大于参考值）两项。在之后的病例中，实际PLI浓度可能在盲区内（200~400 $\mu g/L$）或达到胰腺炎的诊断值（Spec cPL >400 $\mu g/L$）（Beall等，2011）。该检测方法并不能给出定量的结果，但是，该检测方法与进一步定量检测均可使用。

近年来的一项验证研究表明，SNAP cPL和参考Spec cPL有90%~100%的一致性（Beall等，2011）。一项最近的多机构研究报道称，SNAP cPL诊断胰腺炎的敏感性在91%~94%，且其特异性在71%~78%（McCord等，2012）。但是，该检测方法主要用于排除胰腺炎的发生（即若检测值正常则患胰腺的可能性较小），因此该检测方法的敏感度比特异性重要。当出现不正常结果时，该犬的Spec cPL浓度可能处于盲区范围或者达到可诊断胰腺炎的高浓度范围，需要进行进一步定量Spec cPL测定。不能单独依据SNAP cPL结果进行胰腺炎的诊断。

4.2.3 猫PLI 无论是以实验猫或自发性胰腺炎猫作为对象的研究均重复说明血清fPLI浓度是现行最敏感及特异的猫胰腺炎标志物（Parent等，1995; Swift等，2000; Gerhardt等，2001; Forman等，2004; Allen等，2006; Zavros等，2008; Forman等，2009）。一项最近的临床研究摘要显示，该研究包括182只猫，血清Spec fPL浓度测定敏感性达到79%（Forman等，2009）。另一项主要研究慢性胰腺炎但有急性组织病理学表现的猫的研究表明，针对组织病理学中度病变到重度胰腺炎的达到100%（Forman等，2004）。该研究还发现，针对轻型胰腺炎的血清fPLI敏感性则为54%，全群敏感性达到67%。作为对比，该研究中fTLI全群敏感性仅为28%。与犬相似，并不认为慢性胰腺炎的组织病理学病变如胰腺纤变性及萎缩与胰腺酶的漏出有关，因此fPLI浓度的敏感性被认为在慢性胰腺炎（无并发急性胰腺炎）中较低。所以，和犬一样，并不能排除假阴性结果，特别是在慢性或轻型胰腺炎猫中。但是，轻型慢性胰腺炎的临床意义还有待确定。

与敏感度相似，猫胰腺炎血清fPLI浓度测定的特异性非常高，范围在67%～100%（Forman等，2004，2009）。一项包含182只实验猫的大型临床研究表明fPLI特异性可达到82%（Forman等，2009）。另一项研究表明，实验室诱发慢性肾衰造成的氮质血症并不会对血清fPLI浓度造成任何具有临床意义的影响（Xenoulis等，2009）。与犬相似，利用腹腔镜对正常胰腺进行组织活检并不会对fPLI浓度造成任何具有临床意义的影响（Cosford等，2010）。对发炎胰腺进行活检是否会引起血清fPLI浓度的升高尚且未知。最后，近来一项研究表明，内镜逆行胰胆管造影术（ERCP）会引起一些猫体内的fPLI浓度暂时性升高但无临床表现（Spillmann等，2013）。这些结果的临床意义还有待考证。

4.2.4 猫SNAP PL　SNAP fPL最近才发布，且其与犬SNAP cPL检测的原理相同（见前文）。虽然还没有文献记录有相关验证研究和SNAP fPL用于诊断胰腺炎的临床表现特征，但是制造者认为该检测方法与Spec fPL检测法有82%～92%的一致性。因此，SNAP fPL检测的敏感性理论上应该较高且与所报道的Spec fPL敏感性相似（见前文）。因此，SNAP fPL检测正常可较好的说明不发生胰腺炎的可能性。可是，不正常结果可能处于盲区范围或者达到可诊断胰腺炎的高浓度范围，需要进行进一步定量Spec fPL测定。与犬相同，不能单独依据SNAP fPL结果进行胰腺炎的诊断。

4.3 胰蛋白酶样免疫反应性（TLI）

TLI测定是用于测定胰蛋白酶原的一种免疫测定法，简单来说，是测定血清中胰蛋白酶的浓度，并且该方法被表明对犬猫胰腺炎的诊断有一定的作用。实验犬在诱发产生胰腺炎后其血清犬TLI（cTLI）浓度有所上升，但是有些犬在诱导后最早3d其cTLI浓度就就下降到正常参考范围内（Simpson等，1989）。并且，有发现在内镜逆行胰胆管造影术（ERCP）后，cTLI也出现明显的上升，虽然这种上升是暂时的并且与急性胰腺炎的临床证据无关（Spillmann等，2004）。血清cTLI测定用于诊断自发性胰腺炎的敏感度较低（36%～47%），这很可能是由于血清胰蛋白酶原的半衰期较短（Mansfield 和 Jones, 2000a; Steiner等，2001a, 2008）。另外，虽然有强有力的证据证明胰蛋白酶原仅来自于胰腺组织（Simpson等，1991），但是其实由肾小球过滤排出体外则血清cTLI浓度升高也可与肾衰相关（Simpson等，1989; Mansfield 和 Jones, 2000a）。这明显影响了该检测方法对氮质血症（在胰腺炎犬上不常发生）犬胰腺炎诊断的特异性，并且使对其升高时的分析更加复杂。氮质血症犬的血清cTLI浓度明显升高对胰腺炎具有指向性。但是，不能基于正常参考范围内的cTLI浓度测定结果来排除胰腺炎的发生。

实验室诱发的胰腺炎猫可在诱发后出现猫TLI（fTLI）浓度急剧升高，但是在48 h内恢复到临界值以下（Zavros等，2008）。猫TLI检测用于猫自发性胰腺炎的诊断已经得到评估，由此而有多个推荐临界值（Swift等，2000; Gerhardt等，2001; Allen等，2006）。当有多个特异性足够的临界值在使用时（即100 μg/L），fTLI诊断猫胰腺炎的敏感度不令人满意（28%～64%）。并且，fTLI的特异性也被质疑，因为有报道表明在无胰腺炎猫（虽然在胰腺组织活检时可能会遗漏局部病变）上也发现有轻微的血清fTLI浓度上升，但这些猫存在有其他胃肠道疾病［例如，

表1 对犬猫胰腺炎诊断用实验室检测方法的敏感性与（或）特异性进行评估的研究结果列表

研究	动物种类	动物数量（只）	金标准	Spec PL		脂肪酶		淀粉酶		TLI	
				敏感性（%）	特异性（%）	敏感性（%）	特异性（%）	敏感性（%）	特异性（%）	敏感性（%）	特异性（%）
Steiner 等（2008）	犬	22	病理检查结果	64/73	—	14/32	—	18/41	—	36	—
Watson 等（2010）	犬	14	病理组织学	26/58	—	28/44	—	14/67	—	17	—
Trivedi 等（2011）	犬	70	病理组织学——轻型胰腺炎	21/43	100/86	54	43	7	100	30	100
			中度/重度胰腺炎	71/71		71		14		29	
Neilson-Carley 等（2011）	犬	40	病理组织学	—	98/95	—	—	—	—	—	—
McCord 等（2012）	犬	84	临床标准	72~78/87~94	81~88/66~77	52~56	77~81	43~54	89~93	—	—
Mansfield 等（2012）	犬	32	病理组织学	33/58	90/80	—	—	—	—	—	—
Forman 等（2004）	猫	29	病理组织学——轻型胰腺炎	54	67~100	—	—	—	—	8	75~100
			中度/重度胰腺炎	100		—		—		80	
Forman 等（2009）	猫	182	临床标准	79	82	—	—	—	—	—	—

注：PL 为胰脂肪酶；TLI 为胰蛋白酶样免疫反应活性。

Spec cPL：若以针杜分隔两个值，则第一个值是以胰炎临界值为标准（cPLI 为 200，Spec cPL 为 400），第二个值是以参考范围上限为标准（cPLI 为 102.1，Spec cPL 为 200）。

淀粉酶和脂防酶：若以针杜分隔两个值，则第一个值是以参考范围上限三倍作为胰腺炎建议临界界值，第二个值是以参考范围上限为标准。

肠炎（IBD）或胃肠道淋巴瘤］或氮质血症（Swift 等，2000; Simpson等，2001; Allen等，2006）。与犬相似，无氮质血症猫血清fTLI浓度明显上升对胰腺炎有指向性。但是，不能基于正常的血清fTLI浓度排除胰腺炎的发生。

4.4 血清淀粉酶及脂肪酶活性

长期以来，血清淀粉酶和脂肪酶活性都被认为是犬胰腺炎的标志物（Strombeck等，1981; Jacobs等，1985）。虽然，这两种酶的血清浓度在胰腺炎实验犬中有所提高，但是一些研究则表明，由于其低敏感性和特异性，以传统方法测出的这些指标并没有诊断意义且不应用于自发性胰腺炎的诊断（Brobst等，1970; Mia等，1978; Strombeck等，1981; Jacobs等，1985; Simpson等，1989, 1991; Steiner等，2008）。除了胰腺以外的其他组织器官（例如，胃黏膜、肝实质及许多其他组织器官）也能合成淀粉酶和脂肪酶（Simpson等，1991; Steiner等，2006）。这导致了淀粉酶及脂肪酶活性测定结果的参考范围较大，这在一定程度上说明了此检测方法对于胰腺炎诊断的敏感度较低。并且，传统的催化反应检测并不能区分不同组织来源的淀粉酶及脂肪酶。特别是淀粉酶，甚至无法确定犬猫体内组织特异的同工酶（Williams, 1996）。这又导致了胰腺炎血清淀粉酶及脂肪酶活性检测的特异性较低（Strombeck等，1981; Mansfield 和 Jones, 2000a）。

在一项研究中显示，将近50%测出有血清淀粉酶或脂肪酶升高的犬通过病理组织学检查并未患有胰腺炎（Strom-beck等，1981）。另外一个近来针对血清脂肪酶活性检测新技术敏感性的研究显示了相近的数据（53%）（Graca等，2005）。除了胰腺疾病，与血清淀粉酶和（或）脂肪酶升高相关的主要疾病包括肾脏、肝脏、肠道以及肿瘤性疾病，且皮质类固醇激素的使用也会使其升高（仅影响脂肪酶活性）。在犬上，为了提高酶活性检测的特异性，有人建议当淀粉酶和脂肪酶活性高出参考值上限3～5倍时才怀疑胰腺

炎的发生（Williams, 1996; Steiner, 2003）。但是，已有研究表明非胰腺疾病也能导致如此高的酶活性（Strombeck等，1981; Polzin等，1983; Williams, 1996; Mansfield和Jones, 2000a）。因此，淀粉酶和（或）脂肪酶活性升高并不能证明胰腺炎的发生，需要更多更加特异性的方法用于检测。血清淀粉酶和脂肪酶活性检测用于诊断犬自发性胰腺炎的敏感性不稳定但是一般较低（脂肪酶活性敏感度为32%～73%，淀粉酶活性敏感度为41%～69%），且若把各自正常参考范围上限的3～5倍作为临界值，敏感性则会更低（一项研究表明，脂肪酶活性敏感度14%，淀粉酶活性敏感度18%）（Hess等，1998; Steiner等，2001a, 2008）。因此，许多胰腺炎患犬的血清酶活性在参考范围之内，所以血清淀粉酶和（或）脂肪酶活性在正常参考范围内也不能排除发生胰腺炎的可能（Strombeck等，1981; Hess等，1998）。

在实验室诱发急性胰腺炎猫上有发现血清脂肪酶活性的升高以及血清淀粉酶活性的降低（Kitchell等，1986; Karanjia等，1990; Zavros等，2008）。虽然缺少设计完好的实验加以证实，但是脂肪酶及淀粉酶活性检测在猫自发性胰腺炎上不具有临床诊断价值（Hill和Van Winkle, 1993; Simpson等，1994; Parent等，1995）。因此，不建议这两项检测应用于猫胰腺炎的诊断中（Hill 和 Van Winkle, 1993; Simpson等，1994）。

近年来，一种以1,2-邻二月桂-外消旋甘油基戊二酸-（6-甲基试卤灵）-酯［1,2-o-dilauryl-rac-glycero glutaric acid（6'methyl resorufin）-ester］作为酶底物的新的脂肪酶活性测定法（DGGR）被证实可用于犬胰腺炎的诊断（Graca等，2005）。一项更新的评估犬猫胰腺炎诊断用DGGR脂肪酶活性检测方法的研究发现，当使用特异的临界值时，该检测方法与Spec fPL测定法有较高的一致性（Oppliger等，2013）。具体地说，一个有250只猫参与的研究发现，当DGGR脂肪酶临界值设定大

于34 U/L时达到最好的一致性（（κ=0.755）。一个包括142只犬参与的相似研究也发现，DGGR脂肪酶测定法与Spec cPL测定法有较高的一致性，且当DGGR脂肪酶设定值大于216 U/L时，达到最大一致性（κ=0.80）（Kook等，2014）。根据这些阶段性研究结果发现，DGGR脂肪酶活性检测法对于犬猫胰腺炎的检测有一定的帮助。但是，需要更多针对犬猫不同种群的研究来比对DGGR与其他胰腺炎检测方法的敏感性与特异性。

4.5 其他诊断标志物

近年来也发展和研究过一些其他的胰腺炎诊断标志物，但是并没有可现行应用于犬猫胰腺炎临床常规诊断中的标志物，有的是因为其诊断效果没有在临床方面被有效地评估而有的则是因为被证明敏感性和/或特异性较低。而且，大部分的这些诊断方法中的可行性现在存在一定局限性。其中包括胰腺弹力蛋白酶-1（Mansfield等，2011）、磷脂酶A2（Westermarck和Rimaila-Pärnänen, 1983）、胰蛋白酶-α_1-抗胰蛋白酶复合物（Suchodolski等，2001; Steiner等，2008）、α_2-巨球蛋白（Ruaux等，1999）、血浆及尿液中胰蛋白酶激活肽浓度（TAP）（Mansfield 和 Jones, 2000a, b; Mansfield等，2003; Allen等，2006）以及腹腔液脂肪酶活性（De Arespacochaga等，2006）。在上述标志物中，血清胰腺弹力蛋白-1和TAP浓度有望在将来为诊断胰腺炎和评估疾病严重度提供帮助。

5 影像学诊断

5.1 腹部X线片

腹部X线片对于犬猫胰腺炎没有诊断价值，因为大部分的胰腺炎病例中，腹部X线片显示正常或者仅有一些非特异性的病理变化（Gibbs等，1972; Suter 和 Lowe, 1972; Akol等，1993; Hill 和 Van Winkle, 1993; Hess等，1998; Gerhardt等，2001; Ferreri等，2003）。在一个70个病例参与的急性胰腺炎调查中发现，胰腺炎腹部X线片的敏感性只有24%

（Hess等，1998）。另外，患有胰腺炎的犬猫腹部X线片显示异常时，可能并发其他疾病，因此对于胰腺炎而言不具有特异性。这些异常包括腹部右前侧软组织密度增加而浆膜的影像细节清晰度下降，胃和/或十二指肠发生移位，临近胰腺的肠袢发生胀气和腹腔渗出（Gibbs等，1972; Suter 和 Lowe, 1972; Hill 和 Van Winkle, 1993; Hess等，1998; Gerhardt等，2001; Saunders等，2002; Ferreri等，2003）。当胰腺炎作为鉴别诊断的疾病之一时，X线片检查应该在其他敏感性和特异性更高的血清学方法和其他影像学诊断方法之后，以便确诊或者排除胰腺炎。然而，X线片仍然是怀疑患有胰腺炎时首选的诊断方法，因为费用相对便宜，且对于诊断和/或排除引起类似临床症状的其他疾病具有较大的作用。

5.2 腹部超声检查

腹部超声检查是诊断犬猫胰腺炎时考虑所采用的影像学诊断方法。而且，腹部超声检查对于诊断或排除引起类似临床症状的其他疾病有一定的帮助作用。仅有少数的研究就腹部超声学诊断犬猫胰腺炎进行全面的评估，且大部分的这些研究已经超过10年。从此以后，胰腺炎诊断设备的质量和经验也有了很大的进步，小动物医学中对犬猫胰腺炎的诊断水平也在不断的提高。因此自从最初报道采用超声波检查胰腺炎的文章发表以后，超声诊断胰腺炎的方法在不断得到改善。然而，尽管腹部超声检查被认为是相对既敏感又特异的犬猫胰腺炎诊断方法，但是它真正的敏感性和特异性尚未清楚。采用超声法对胰腺炎检查的临床调查结果进行解释时，需要清楚的是腹部超声检查是以不完整的金标准诊断方法（如组织病理学）为基础的。

需要明确的一点是，进行腹部超声检查诊断胰腺炎时，对超声检查者和仪器设备都有很高的要求。在大部分报道的研究中，腹部超声检查主要在教学医院中具有专科证书的放射科医师操作，因此如果由缺乏经验的临床医师进行超声检查胰腺炎，或者采用的

> 在犬和猫中超声检查和胰腺组织病理学检查仅有分别为22%和33%的吻合度。这些数据提示超声检查胰腺的准确性和强调了不过度强调超声检查结果的重要性。

仪器设备质量较差时，对胰腺炎诊断的可靠性较低。此外，由于缺乏犬猫胰腺超声评价的标准化规范，导致超声图像结果由不同放射科专家解读也存在差异，可见对超声检查者的专业化要求甚高。

腹部超声检查对于诊断犬严重急性胰腺炎的敏感性为68%（Hess等，1998），而对于猫胰腺炎的敏感性为11%～67%（Swift等，2000；Saunders等，2002；Ferreri等，2003；Forman等，2004）。敏感性存在如此大的差距反应出可疑性的差别、超声检查者技术的差别、所使用设备的差别，以及胰腺损伤严重程度的差别，同时强调了缺乏标准化诊断规范的重要性。腹部超声检查的敏感性在早期的研究报道中提示，在超声检查中发现正常的胰腺影像，无论是犬亦或是猫也无法足以排除胰腺炎。这种情况在慢性或者轻度胰腺炎，胰腺病理变化轻微的病例中确实存在。在一个对少数患慢性胰腺炎犬进行调查的报道中发现，超声检查发现胰腺存在任何病理变化对于诊断胰腺炎的敏感度仅为56%（Watson等，2010）。

传统观念认为，腹部超声检查对于诊断犬猫胰腺炎的特异性相对较高，尽管尚未得到实验设计较好的全面调查性研究证实。很多情况下，胰腺的其他疾病（如肿瘤、小结增生、由于门脉高压或者低白蛋白血症引起的水肿）可以显示类似的超声影像，因此无法与胰腺炎进行区分（Lamb等，1995；Lamb，1999a；Hecht和Henry，2007；Hecht等，2007）。最近的一份研究对26只疑是胃肠疾病的犬和猫进行超声检查，6只动物（23.1%）

在超声检查中发现存在胰腺炎的影像，而在组织病理学检查中则发现其胰腺正常或者胰腺增生（Webb和Trott，2008）。同一研究发现，在犬和猫中超声检查和胰腺组织病理学检查仅有分别为22%和33%的吻合度。这些数据提示超声检查胰腺的准确性和强调了不过度强调超声检查结果的重要性。然而，应该谨慎对待这些研究发现，因为胰腺炎的胰腺损伤指征已经错过了组织病理学检查的最佳时机。另一个最近的研究对一组高空摔下综合征中引起创伤性胰腺炎的猫调查发现，检查血清fPLI浓度和腹部超声学检查对于诊断胰腺炎具有很高的吻合度（Zimmermann等，2013）。最后，另一个对患有胰腺炎猫的研究发现，以血清fPLI作为胰腺炎诊断标准，胰腺超声对于诊断胰腺炎的敏感度和特异性分别为84%和75%（Williams等，2013）。在该调查中评估了特异的超声变化（如胰腺周围的脂肪回声，胰腺增厚，胰腺边缘化），这些变化的任何一个都具有很大的用处。

犬猫胰腺炎的超声检查发现包括在胰腺内有低回声区（可能提示坏死或液体蓄积），周围肠系膜回升增强（由于胰腺周围脂肪坏死所致），胰腺增大和/或不规则性，胰腺或胆管扩张，以及腹部渗出（图1）（Hess等，1998；Lamb，1999b；Swift等，2000；Saunders等，2002；Ferreri等，2003；Hecht和Henry，2007）。尤其是猫，胰腺左叶增厚、边缘不规则，回声增强的胰腺周围脂肪，有相对应的临床症状，血清fPLI浓度升高则高度支持胰腺炎的诊断（Williams等，2013）。在某些情况下，如果发现胰腺高回声区，可能提示存

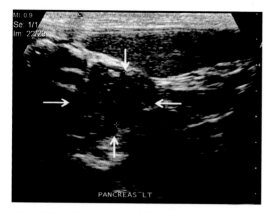

图1　猫患有胰腺炎时在超声检查中的表观。图中可见胰腺增大且质地不均一，存在低回声区和高回升的脂肪环绕。这些结果高度提示存在胰腺炎。(Courtesy of Dr. B. Young, Texas A&M University). Reprinted from Reference, Xenoulis P.G. and Steiner J.M.(2013) with permission from Elsevier

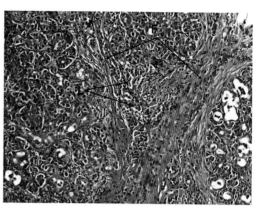

图2　患有慢性胰腺炎猫的胰腺组织病理学变化。存在大量纤维话组织（F）和淋巴细胞浸润（L）。HE染色；放大倍数200倍

在胰腺坏死。也可发现十二指肠增厚的空洞性病变，胆管阻塞或者肿物样病变（Hecht 和 Henry, 2007）。猫如果存在胰腺导管扩张时可疑是胰腺炎，但最近的研究尚未对该假设进行证实（Hecht等，2006）。

5.3　其他影像学诊断方法

对比增强计算机断层扫描（Contrast-enhanced computed tomography，CECT）在人医中对于评估疑是胰腺炎是一个非常有用的工具（Bollen, 2012）。计算机断层扫描犬胰腺的解剖结构已经有描述（Probst 和 Kneissl, 2001），但是至今计算机断层扫描对于诊断犬的胰腺炎尚未得到充分开展。有采用CECT对两例犬胰腺炎进行诊断的报道，其结果相当令人鼓舞（Jaeger等，2003）。然而，最近对小数量病例（$n=7$）的研究发现，采用多层螺旋CT增强扫描（contrast-enhanced multi-detector helical computed tomography，CE-MDCT）对于诊断胰腺炎的敏感性较低，且与患急腹症犬不同的影像形态（Shanaman等，2013）。在猫，断层扫描技术对于诊断经组织学确诊为胰腺炎的病例，其效果并不能另人满意（Forman等，2004）。其他影像学方法［如内镜超声检查（endoscopic ultrasonography，ERCP）］已用于健康犬猫和患有胰腺炎的犬猫中，但是结果并不具稳定性（Spillmann等，2005a,b, 2013; Schweighauser等，2009）。最近采用磁共振成像（MRI）和磁共振胰胆管造影术（magnetic resonance cholangiopancreatography）对猫胰腺炎进行诊断评估获得较好的结果（Marolf 等，2012）。然而，由于缺乏对胰腺炎诊断的标准化规范，形成图像形式的复杂性，需要对动物进行全身麻醉，可获得性受限，以及设备的成本昂贵，导致上述所有的检查方法目前尚不能用于犬猫胰腺炎的常规诊断中。经过适当和极为仔细的评价后，上述的这些方法中在将来可能有某些方法可用于胰腺炎病例的诊断，而这些胰腺炎病例是在经过所有其他诊断方法都尝试后仍然无法获得确诊的情况。

5.4　胰腺组织病理学

目前，对胰腺进行组织病理学检查认为是诊断胰腺炎的标准，同时也是鉴别犬猫急性和慢性胰腺炎的确诊方法。用于评价胰腺炎严重程度的组织病理学评分系统已被推荐用于犬猫（Newman等，2004, 2006; De Cock

等，2007; Watson等，2007）。然而，与人医相比，用于胰腺炎分类的组织病理学标准化尚未在兽医中得到普及，且在犬猫胰腺炎的分类和命名中仍存在大量混淆之处。存在永久性组织病理学变化（即纤维化和腺泡萎缩）通常提示存在慢性胰腺炎（图2），而在红肿的胰腺中不存在这些变化的则提示为急性胰腺炎（图3）（Newman等，2004; Watson等，2007; Bostrom等，2013）。存在大量炎性细胞（中性粒细胞和淋巴细胞）浸润时，通常将胰腺炎进一步分为化脓性或者淋巴性，某些研究者将化脓性胰腺炎当成急性而淋巴浸润当成慢性（Hill 和 Van Winkle, 1993; Ferreri等，2003）。需要注意的是，急性和慢性胰腺炎在组织病理学变化上并不是界限分明，很多动物同时存在急性和慢性胰腺炎的组织病理学变化。

尽管胰腺的组织病理学被认为是胰腺炎诊断的金标准，但是也存在一些重要的局限，因此不能认为是一个理想的金标准。首先，通过组织病理学来确定临床的眼中程度存在困难。在一个尸检报告中，由于各种原因进行尸体剖检的73只犬中，64%有微观的胰腺炎表现（Newman等，2004）。在另一个研究中，所有参加调查的猫中有67%存在胰腺炎的组织病理学损伤，其中包括45%的健康猫（De Cock等，2007）。目前尚无标准化规范区分微观变化引起的临床疾病和无微观变化引起的临床疾病，有可能发生临床不显著的胰腺损伤误诊为临床胰腺炎。换句话说，根据组织病理学排除胰腺炎存在一定困难，因为胰腺的炎性病变通常具有局限性且很容易检查不到（Hill 和 Van Winkle, 1993; Saunders等，2002; Newman等，2004; De Cock等，2007; Pratschke等，2014）。因此，必须对胰腺多处采样检查以尽可能发现存在的微小病变，尽管这样做在临床操作中并不具有可行性。胰腺炎缺失组织病理学变化的情况需要谨慎作出评价，尤其是仅对一处采样进行检查的情况（Newman等，2004; De Cock等，

2007）。最后，胰腺活组织检查需要采用介入性手段，但价格昂贵，且对血液动力学不稳定的胰腺炎患者有害（Webb 和 Trott, 2008; Cordner等，2010）。因此，临床上很少采用活组织检查对胰腺炎进行诊断，除非由于其他原因对动物实施剖腹手术的情况。不过，这是过去对胰腺活组织检查的看法，大量的研究表明胰腺活组织检查是一个相当安全的操作方法，可用于犬猫胰腺炎的诊断（Westermark等，1993; Wiberg等，1999; Harmoinen等，2002; Webb和Trott, 2008; Cordner 等，2010; Cosford等，2010）。最近的一个回顾性研究发现，通过手术对胰腺进行活组织检查最常见的并发症包括呕吐、腹痛、恶心、厌食和嗜睡。

胰腺的眼观病变（如胰腺周围脂肪坏死、胰腺出血和充血、胰腺水肿、钝性颗粒囊状表面）可出现在患胰腺炎的犬猫中，但是这种病变对于胰腺炎而言并不具有敏感性和特异性（图4）（Hill 和 Van Winkle, 1993; Saunders等，2002; Steiner等，2008）。当出现上述病变时，这些病变是活组织检查采样的最佳部位。然而，犬猫的胰腺炎通常不存在这些眼观病理学变化，或者可能是肿瘤活小结增生的结果（Hill 和 Van Winkle, 1993; Saunders等，2002; Newman等，2004）。

由于并发肠道和（或）肝脏的炎症是猫常见的问题（Weiss等，1996; Callahan Clark等，2011），也可能发生于犬，疑是胰腺炎需要进行剖腹术或腹腔镜检查的患病动物（尤其是猫），也应同时对其肠道和肝脏采样，以便进行活组织检查。同样，患有IBD和（或）胆管炎的猫进行剖腹术或腹腔镜检查时，也应对胰腺进行评价。

5.5 胰腺细胞学检查

胰腺细针抽吸（FNA）和对抽吸物进行细胞学检查是一个对动物损伤性最小的技术，在犬猫胰腺炎诊断中的使用越来越频繁（Bjorneby 和 Kari, 2002）。至今为止，尚未有对该方法诊断犬猫胰腺炎的敏感性和特异性

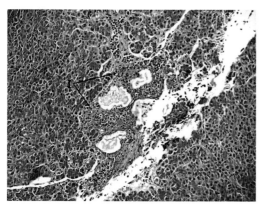

图3　患有急性胰腺炎猫的胰腺组织病理学变化。存在炎性浸润（I）但没有纤维化和其他永久性的组织病理学变化。HE染色；放大倍数200倍

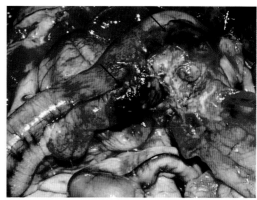

图4　患有急性胰腺炎犬的胰腺眼观变化。可见胰腺外观有严重的出血、坏死和水肿（箭头所指）(Courtesy of Dr. B. Porter, 得克萨斯农工大学). Reprinted from Reference, Xenoulis P.G. and Steiner J.M. (2013) with permission from Elsevier

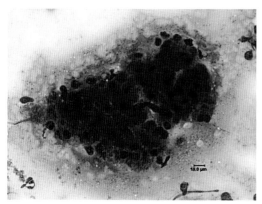

图5　从正常犬胰腺细针抽吸的细胞学检查情况。可见图中有一多个细胞簇集中在一起的腺泡细胞。Diff-quick染色；放大倍数500倍(Courtesy of Dr. P. J. Armstrong, 明尼苏达大学). Reprinted from Reference, Xenoulis P.G. and Steiner J.M. (2013) with permission from Elsevier

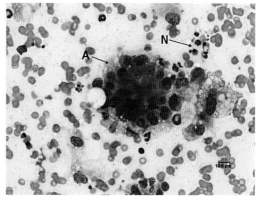

图6　从疑是胰腺炎的犬胰腺中进行FNA的细胞学检查情况。存在轻度到中度的中性粒细胞炎性反应，这些中性粒细胞发生退化。伊可见一簇正常的腺泡细胞（A）。Diff-quick染色；放大倍数 500倍(Courtesy of Dr. P.J. Armstrong, 明尼苏达大学). Reprinted from Reference, Xenoulis P.G. and Steiner J.M. (2013) with permission from Elsevier

作出评价的研究性报道。认为从胰腺采到的组织样品中发现有炎性细胞即可作出胰腺炎的诊断。胰腺腺泡细胞是正常胰腺FNA抹片中的主要组成细胞（图5）（Bjorneby 和 Kari, 2002）。对于患有急性胰腺炎的动物，细胞学图片中的主要特征是细胞增多，存在完整的退行性中性粒细胞和退行性胰腺腺泡细胞（图6）。对于患有慢性胰腺炎的动物，通常会存在少量的淋巴细胞和中性粒细胞，其样品的特征是以低细胞结构为主，可能是由于正常的胰腺组织被纤维组织取代所致（Bjorneby 和 Kari, 2002）。需要强调的是，在组织病理

学方面，可能会漏掉一些高度局灶化病变。因此，FNA细胞学阴性结果并不足以排除胰腺炎。

胰腺FNA通常在超声引导下或者剖腹术中进行（Bjorneby和Kari，2002）。尽管属于相对无害的操作，但是犬猫胰腺疾病进行FNA的安全性尚未得到评价。在健康犬中，通过超声引导下进行FNA或者手术活组织采样不会引起血清cPLI浓度升高，或者临床上可检测到的胰腺炎（Cordner等，2010）。胰腺内镜超声引导FNA也可用于中等体型的健康犬中，且在临床中具有可行性和安全（Kook等，2012）。

6 胰腺炎严重程度的评估和预测

人急性胰腺炎的评估是以标准化评分体系为基础，该体系不断得到修改和更新（Bradley，1993；Papachristou等，2007；Pavlidis等，2010）。胰腺炎严重程度的预测是胰腺炎诊断的重要组成部分，因为此举有助于对可能的并发症和发病率作出预测，且在患者发展成重症阶段之前制定出最佳治疗方案。认为胰腺炎的严重阶段发生在24～48 h（Papachristou等，2007），可通过临床表现、临床病理学和影像学发现作出判断，同时也可以作为预测胰腺炎严重程度的参考指标（Papachristou等，2007；Pavlidis等，2010）。

兽医中，尚未有完善、通用、可接受的评分体系对胰腺炎的严重程度进行预测。认为血清PLI和TLI浓度不能作为胰腺炎预后的指标，因为其与组织病理学严重程度的相关性较差（Steiner等，2008）。然而，最近的研究中，在就诊时血清fPLI浓度、呼吸困难和高钾血症是猫因为胰腺炎住院的重要原因，也是预后的独立指标（Stockhaus等，2013）。目前，犬猫胰腺炎的严重程度是根据临床医师的临床判断，尤其是动物进入危重阶段的时候才判定为严重的胰腺炎。通常而言，出现全身性并发症（如无尿、肾性氮质血症、黄疸、严重升高的肝脏转氨酶活性、低钙血症、低糖血症、严重的高糖血症、高钾血症、白细胞增多症、休克或DIC）是人为疾病严重和预后不良的指标（Ruaux和Atwell，1998；Kimmel等，2001；Mansfield等，2008）。最近的研究中（Tvarijonaviciute等，2014），对氧磷酶（paraoxonase）1的活性、甘油三酸酯和C反应蛋白的浓度可以反应疾病潜在的严重程度。然而，对犬猫胰腺炎严重程度的预测尚未得到充分的研究。需要进一步的研究以建立一个方便的、临床上可用于这些动物胰腺炎严重程度评分的方法。

尽管与胰腺炎的严重程度没有直接相关性，来自英国的两个最近研究表明，某些患有IBD的犬和猫血清PLI浓度出现升高。其中的一个研究显示，患有IBD犬血清cPLI浓度升高与预后不良有关；尤其是血清cPLI浓度升高是唯一明显影响这些犬存活的指标（Kathrani等，2009）。在另一个研究中，患有IBD猫的血清fPLI浓度升高与低白蛋白血症，低蛋白血症也是提示更加严重的临床疾病（Bailey等，2010）。

7 结论

犬猫的胰腺炎诊断没有单个的诊断方法是100%的可靠。维持高度可疑的胰腺炎，尤其是对于一些只有轻度的和非特异性临床症状的动物，对作出正确诊断至关重要。另外，能够引起类似临床症状的其他疾病应该谨慎排除。仔细评估动物的病史，临床检查和常规的临床病理检查结果，以及使用一些具有高度特异性和敏感性的检测方法（血清PLI浓度，腹部超声学检查，细胞和组织病理学）对于胰腺炎的准确诊断至关重要。临床实践中，与其他诊断方法相比，联合使用动物临床症状、血清PLI浓度，腹部超声影像认为是准确诊断或者排除胰腺炎最可行和可靠的方法。

（参考文献略，需者可函索）

中药治疗犬乳腺肿瘤疗效研究
Treatment of canine mammary gland neoplasia with a Chinese herbal supplement

闻久家*

美国汉普顿动物医院，美国纽约，长岛，11972

声明： 闻久家和Karen Johnston共同拥有Natural Solutions公司，是本文中所用中药方剂的提供者。

Disclosure: Drs. Wen and Johnston co-own Natural Solutions, Inc, the provider of the herbal supplement combination investigated in this study.

摘要： 8只患有乳腺肿瘤的犬只在病理学诊断确诊后，加入了本试验。目的是研究中药方剂Manmosol对患犬生命延长的效果。为了研究中药处方单独用于乳腺肿瘤的疗效，在应用中药进行治疗之前和治疗后接受过化疗或放射疗法的患犬未计入本研究中。本研究中的8只犬中，有7只存活超过2年。

关键词： 犬，中药，乳腺肿瘤

Abstract: Eight dogs with histologically confirmed mammary cancer were enrolled in a study to determine if an herbal preparation called mammosol could prolong survival times. Dogs were excluded from the study data if they had chemotherapy or radiation therapy before, during or after the herbal supplement in order to determine if the supplement alone would extend survival times. In this trial, 7 of the 8 dogs lived greater than 2 years.

Keyword: canine, Chinese herbal medicine, mammary neoplasia

1 引言

乳腺肿块在雌性犬发生率很高。大约50%的乳腺肿块经过病例学诊断为肿瘤[1]。科学研究表明，乳腺肿瘤的发生与几种因素有关。其中最重要的因素是母犬绝育时的年龄。在

第一次发情之前做绝育手术可以使乳腺肿瘤的发病率降低到0.05%，而在第一次和第二次发情之间做绝育，乳腺肿瘤的发病率为8%，第三次发情以后再做绝育发病率高达25%[2]。另一项研究显示，未做绝育的比做过绝育的

通讯作者
闻久家　DVM，美国汉普顿动物医院，邮箱：wenvet@optonline.net。
Corresponding author: Jiujia Wen, wenvet@optonline.net, Hampton Animal Hospital.

恶性乳腺肿瘤的治疗选项不多。犬的乳腺肿瘤大多会选择手术。单侧或双侧乳腺全切除和部分切除或仅仅摘除肿瘤部分的存活率没有太大差别。在肿瘤摘除时同时做绝育是否有益方面观点不一致。

犬乳腺肿瘤发病率高7倍[3]。

乳腺肿瘤发病可能和食物有关。吃家庭自己做的犬食，特别是含有牛肉和猪肉的食物乳腺肿瘤的发病率明显增加[4]。肥胖也是可能增加乳腺癌发病的因素。绝育母犬在9～12月龄阶段形体苗条会降低乳腺癌发病率[5]。

犬的品种与乳腺肿瘤发病率相关。贵妇犬、猎犬、可卡犬以及德国牧羊犬比其他犬种发病率高[6]。

医源性因素也是影响发病率的潜在因素。外源性孕酮的应用可能引发肿瘤发生。有研究表明，犬乳腺肿瘤病例中50%雌激素受体阳性，44%有雌激素和孕酮受体阳性[7]。

乳腺肿瘤从病理组织学上可以分成两大类，腺瘤及良性混合型肿瘤占乳腺肿瘤的50%，剩下的属于恶性腺癌、腺体腺癌、肉瘤或炎症性（或增生性）腺癌[8]。

约50%的恶性乳腺肿瘤在临床上诊断出来时已经发生转移[9]。转移最常发生于临近淋巴结和肺。所以肺部拍片是检查有否转移的必须项目。其他转移发生的气管包括肾、心脏、肝、肾上腺、骨骼以及脑部[10]。在对乳腺肿瘤病例进行检查时，应该仔细检查所有乳区以确认有否其他部位存在结节。

恶性乳腺肿瘤的预后不完全一样，与肿瘤相关的死亡率取决于肿瘤的种类[8]，血管内侵入程度[11]，细胞核分化程度[12]及肿瘤的大小[13]。乳腺恶性肿瘤手术猴存活时间平均为7～16个月[14]。预后最差的是以下两种恶性肿瘤：乳腺肉瘤和炎性乳腺癌。有研究表明，乳腺肉瘤存活时间最长不过3个月[15]。炎症性

腺癌的局部控制很难，在确诊时通常已经发生了转移[16]。

恶性乳腺肿瘤的治疗选项不多。犬的乳腺肿瘤大多会选择手术。单侧或双侧乳腺全切除和部分切除或仅仅摘除肿瘤部分的存活率没有太大差别[11]。在肿瘤摘除时同时做绝育是否有益方面观点不一致。有人报道，乳腺肿瘤手术同时做绝育与否根本没有差别[17]。另一个研究则表明，与单纯摘除乳腺相比，同时做绝育可以使存活时间从平均6.1个月提高到18.5个月[18]。没有证据显示在肿瘤摘除时同时摘除临近淋巴结会延长存活时间或者延长复发间隔[19]。75%的乳腺恶性肿瘤病例存活时间不超过2年[18]。

对恶性乳腺肿瘤来说，目前为止化疗方案没有的可靠治疗效果，或可以延长存活时间。而且化疗的副作用包括胃肠道反应，全身乏力以及免疫抑制等都大大地降低患病动物的生活质量[20]。接受化疗的病例没有表现明显的存活时间延长，阻止转移，复发时间缩短等效果[21]。

2 病例研究

2003—2007年，笔者选择了8个乳腺肿瘤的病例，分别进行了2年的研究。2007年以后没有再增加病例，原因是为了留出2年时间对治疗的病例进行观察和撰写论文。患犬年龄7.5～12.5岁。所有病例在开始治疗前未见可见的转移迹象。所有病例均经过病理学专家通过组织学确诊为恶性乳腺肿瘤。其中1例为上皮来源的恶性肿瘤，6例为腺癌，1例为上皮癌和腺癌混合型。病理学诊断必须是在中

药治疗开始后3个月内。所有患犬都接受了手术摘除，但未接受过任何化疗或放疗。在整个研究期间所有犬未接受免疫接种。

中药处方：水牛角，乳香，没药，黄芪，山慈菇，香芋，神曲，山楂，麦芽，夏枯草，三七，何首乌，薏苡仁，紫花地丁，三棱，莪术，淫羊藿，全蝎，蜈蚣，牡蛎，海藻，昆布，太子参，鸡血藤，当归，枸杞子，半枝莲，白花蛇舌草。选择这些中药的根据见表1。

所有中药均为1：5提取干粉。上述各药混合均匀装入0号胶囊。每个胶囊内含0.5g中药粉末。用法：每5kg体重口服1各胶囊，每天2次，连续服用2年。

患病动物在用药后3、6、9、12、18及24个月时进行临床检查和拍胸腔X线片，生化检查肝功和肾功能以监测有否药物毒性副作用。

3 结果

表2是接受治疗的动物组织学检查结果、术后到开始用药的时间以及存活时间。

所有接受治疗的动物在治疗期间未见任何副作用。未见任何呕吐，拉稀的反馈。未见肝脏毒性反应。

其中有一只犬只用了一半的治疗剂量，原因并非由于副作用，而是由于主人的决定。这只犬在开始用药后10.5个月时，由于癌症已经转移，主人决定对其实施安乐。另外一只犬在死亡时为14.3岁，当时诊断为乳腺癌，但是并未见复发。其他6只犬在本报告完成时仍然活着，并且都没有复发的迹象。经过统计学处理，存活时间明显高于Daniela报告的乳腺癌治疗病例中单纯手术摘除法或手术摘除后加化疗法（表2）。

4 讨论

在手术后进行化疗的方法结果，75%～85%会复发或发生转移（表3）。而在本研究用中药治疗的8例中，仅有1例复发，而

表1 中药及其选择依据

水牛角	镇痛和抗肿瘤[22]
乳香	抗肿瘤[23]
没药	镇痛和抗肿瘤[24]
黄芪	可以延长小鼠肿瘤病例存活时间[25]
山慈菇	抗肿瘤[26]
香芋	促进消化[27]
神曲	促进消化[28]
山楂	抗肿瘤[29]
麦芽	保护胃肠道[30]
夏枯草	抗炎[31]
三七	抑制 Cox 2，有抗肿瘤作用[32]
何首乌	抗肿瘤[33]
薏苡仁	抗肿瘤[34]
紫花地丁	抗炎[35]
三棱	抗肿瘤[36]
莪术	抗肿瘤[37]
阴阳花	抗炎[38]
全蝎	抗肿瘤[39]
蜈蚣	抗肿瘤[40]
牡蛎	抗肿瘤[41]
海藻	增强免疫[42]
昆布	在大鼠有抑制血管和抗肿瘤作用[43]
太子参	刺激食欲，保护胃肠道[44]
鸡血藤	明显增加白细胞数量[45]
当归	增强免疫，镇痛，抗炎[46]
枸杞子	免疫增强[47]，抗肿瘤[48]
半枝莲	抗肿瘤[49]
白花蛇舌草	抗肿瘤[50]

且是由于患犬仅服用了一半的推荐剂量。

除了可以提高存活率以外，用中药治疗还有其他的好处。患犬可以在确诊后立即进行治疗。完全不需要因为手术而延迟开始用药，而化疗则必须在手术后一段时间才能开始。而且，在手术过程中由于对肿瘤的操作，会不会有脱落的癌症细胞进入血液等都是疑问，除非可以证明在手术过程中绝对不会有癌细胞转移。从逻辑上讲，在围手术期，开始用药越早，成功治疗的概率就会越高。

化疗和放疗常常会引起不舒服甚至致命的副作用，与此相比，中药的副作用微乎其微。在本研究中没有犬只表现出任何副作用。

用中药治疗也不需要对其粪尿进行特殊处理。更不会有危险的代谢产物排出。中药在用药过程中无需特别注意。中药可以很方便的在家进行，不用戴手套，患犬也不用住院。

本试验表明，中药方剂治疗犬乳腺肿瘤症安全有效。然而，由于病例数量太少，还不能得出十分确切的结论，更广范围的临床试验特别是能够设立对照来对重要的疗效加以证实是十分必要的。

表2　接受治疗的动物组织学检查及术后到开始用药的时间及存活时间列表

年龄/性别	病变	淋巴侵润	影响淋巴结	术后转移	肿瘤类型	肿瘤边缘	存活时间	术后到用药时间间隔
8 F/S	M	N	N	N	腺癌	D	>2 年	手术：10/8/03 用药：10/16/03
8.5 F/S	S	Y	Y	N	腺癌	D	>2 年	手术：8/20/04 用药：9/1/04
7.5 F/S	S	N	NA	N	腺癌	C	>2 年	手术：5/25/04 用药：7/15/04
7 F/S	S	N	NA	N	上皮癌		>2 年	手术：7/14/05 用药：7/24/05
11 F/S	M	N	NA	N	腺癌	C	>2 年	手术：4/2/05 用药：6/23/05
11 F/I	M	N	NA	N	腺癌	C	>2 年	手术：11/22/06 用药：11/26/06
12.5 F/I	S	Y	NA	N	腺癌加上皮癌	D	>2 年	手术：1/5/07 用药：1/15/07
7.5* F/I	S	N	NA	Y	腺癌	C	10.5 个月	手术：10/13/05 用药：10/21/05

注：Adeno: 腺癌；Carcino: 上皮癌；F/S 雌性绝育的；F/I 雌性未绝育 M: 多个；S 单个，Sx: 手术时间；Tx: MammoSol 开始用药时间；Y: 是；N: 否；NA: 无 * 表明该犬只用了推荐剂量的半量。

表3　中药治疗与单纯手术摘除法或手术摘除后加化疗法的效果比较

作者	病例数	存活>2年比例	平均存活时间	复发或转移比例
闻久家/Johnston（a）	8	7（87.5%）	>678 d	12.5%
Daniella 单独手术疗法（b）	19	3（15.8 %）	370 d	84.2%

续表

作者	病例数	存活>2年比例	平均存活时间	复发或转移比例
Daniella 手术加化疗（c）	12	4（33.3%）	231 d	66.7%

P—值（Bonferroni 统计法）

P—值 整个研究	0.001 8
P—值（a）比（b）	0.001
P—值（a）比（c）	0.05
P—值（b）比（c）	0.383 9

当前研究结果（b）Daniella 单独手术法，（c）Daniella 手术加化疗，（a）Mammosol 中药方剂由 Natural Solutions Inc 公司提供，地址：176 Montauk Highway Speonk, NY。

译者：施振声　中国农业大学

参考文献

[1] Moulton JE: Tumors of the skin and soft tissues. *In*: Tumors in Domestic Animals, ed. Moulton JE, 3rd ed., 23, University of California Press, Los Angeles, CA 1990.

[2] Zatloukal, J. et al. Breed and Age as Risk Factors for Canine Mammary Tumours. ACTA Vet. BRNO 2005; 74: 103-109.

[3] Managing the vet cancer patient: a practice manual, Gregory K. Ogilvie: 1995.

[4] Dolores Perez Alenza et al. relation between habitual diet and canine mammary tumors in a case-control study. J Vet Intern Med 1998; 12:132-139.

[5] Sonnenschein EG, et al. body conformation, diet and risk of breast cancer in pet dogs: a case-control study. Am J Epidemiol 1991; 133: 694.

[6] Dorn CR, Taylor DON, Frye FL, et al. Survey of animal neoplasms in Alameda and contra Costa counties, California. II. Cancer and morbidity in dogs and cats from Alameda county. J Natl Cancer Inst 1968; 40:307-318.

[7] Schneider R, Dorn Cr, Taylor DON. Factors influencing canine mammary cancer development and postsurgical survival. J Natl Cancer Inst 1969; 43:1249-1261.

[8] Ettinger, Stephen J, Feldman, Edward C. 1995. *Textbook of Veterinary Internal Medicine* (4th ed.). W.B. Saunders Company. ISBN 0-7216-6795-3.

[9] Kurzman ID, Gilbertson SR. prognostic factors in canine mammary tumors. Semin vet med surg, 1986; 1:25 .

[10] Fidler IJ, Brodey RS. Canine mammary gland neoplasms. JAVMA, 1967; 151:710.

[11] Morrison, Wallace B. 1998. *Cancer in Dogs and Cats* (1st ed.). Williams and Wilkins. ISBN 0-683-06105-4) .

[12] Gilbertson SR, et al. canine mammary epithelial neoplasms: biological implications of morphologic characteristics assessed in 232 dogs. Vet pathol, 1983; 20:127.

[13] Chang S, Chang C, Chang T, Wong M. "Prognostic factors associated with survival two years after surgery in dogs with malignant mammary tumors: 79 cases (1998-2002)". *J Am Vet Med Assoc* 227 (10): 1625–9. doi:10.2460/javma.2005.227.1625. PMID 16313041.

[14] Bostock DE. The prognosis following the surgical excision of canine mammary neoplasms. Eur J cancer, 1975; 11:389.

[15] Else RW, Hannant D. Some epidemiologic aspects of mammary neoplasia in the bitch. Vet res, 1979; 104:296.

[16] Susaneck SJ, et al. inflammatory mammary carcinoma in the dog. J Am Anim Hosp Assoc, 1983; 19:971.

[17] Yamagami T, et al. influence of ovariectomy at the time of mastectomy on the prognosis for canine malignant mammary tumors. J small anim pract, 1996; 37:462.

[18] Johnston SD. Reproductive systems, in Slatter D (ed): Textbook of small animal surgery, ed 2. Philadelphia, WB Saunders, 1993, 2177-2200.

[19] Managing the vet cancer patient: a practice manual, Gregory K. Ogilvie: 1995.

[20] Todorova, I et al. Efficacy and Toxicity of Doxorubicin and Cyclophosphamide Chemotherapy in Dogs with Spontaneous Mammary Tumours. Trakia J of Science, 2005; vol 3, 5: 51-58.

[21] Daniela Simon, et al. J Vet Intern Med, 2006; 20:1184-1190.

[22] Zhong Yao Xue (Chinese Herbology), 1998; 539-540.

[23] Shao Y, Ho C-T, Chin C-K, et al. Inhibitory activity of boswellic acids from *Boswellia serrata* against human leukemia HL-60 cells in culture. *Planta Medica*. 1998;64:328-331.

[24] Zhong Yao Xue (Chinese Herbology), 1998; 541-542.

[25] Ying Zi Zhong, et al. Journal of Shizhen Medicine. 1999;10(10):732-733). anti-neoplastic effect (Liu Hui. Journal of Stomatology. 1999;19(2):60-61.

[26] Chang Yong Zhong Yao Xian Dai Yan Jiu Yu Lin Chuan (Recent study & Clinical Application of Common Traditional Chinese Medicine), 1995; 165-166.

[27] Kuang Ling, et al. Journal of Traditional Chinese Medicine Research. 1996;(1):49-50.

[28] Zhong Yao Xue (Chinese Herbology), 1998, 436-437.

[29] Guo Fa Chang, et al. Research on Shan Zha's active components for anti-cancer effects. Journal of Henan Medical University. 1992;27(4):312-314)Zhong Yao Xue (Chinese Herbology), 1998; 128-130.

[30] Zhong Yao Yao Li Yu Ying Yong (Pharmacology and Applications of Chinese Herbs), 1983; 473.

[31] Zhong Yao Xue (Chinese Herbology), 1998;128-130.

[32] Seaver B, Smith J. Inhibition of COX Isoforms by Nutraceuticals. J of Herbal Pharmacotherapy. 2004;4(2):11-18.

[33] Lu Yun, et al. Yi Yi Ren oil's anti-tumor effects. Journal of Pharmacology and Clinical Application of TCM. 1999;15(6):21-23.

[34] Lu Yun, et al. Yi Yi Ren oil's anti-tumor effects. Journal of Pharmacology and Clinical Application of TCM. 1999;15(6):21-23.

[35] Zhong Yao Xue (Chinese Herbology), 1998;172-174.

[36] Zhe Jiang Zhong Yi Xue Yuan Xue Bao (Journal of Zhejiang University of Chinese Medicine), 1983;3:31.

[37] Xin Yi Yao Xue Za Zhi (New Journal of Medicine and Herbology), 1976; 12-28.

[38] Zhong Yao Yao Li Yu Ying Yong (Pharmacology and Applications of Chinese Herbs), 1983: 1102.

[39] Jang Su Yi Yao (Jiang Su Journal of medicine and Herbology), 1990; 16 (9): 513.

[40] Chang Yong Zhong Yao Cheng Fen Yu Yao Li Shou Ce (A Handbook of the Composition and Pharmacology of common Chinese Drugs), 1994; 1725-1728.

[41] Wang Ke, et al. China Journal of Ocean Medicinal Products. 1997;16(1):18-22.

[42] Zhong Guo Yao Ke Da Xue Xue Bao (Journal of University of Chinese Herbology), 1988; 19(4): 279.

[43] Xu Zhong Ping, et al. Journal of Chinese Materia Medica. 1999;30(7):551-553.

[44] Chen, J and Chen T. Chinese Medicinal Herbology and Pharmacology, Art of Medicine Press, 2001:717.

[45] Shang Hai Zhong Yi Yao Za Zhi (Shanghai Journal of Chinese Medicine and Herbology), 1965; 9:16.

[46] Zhong Hua Yi Xue Za Zhi (Chinese journal of medicine), 1978; 17(8): 87.

[47] Zhong Yao Xue (Chinese Herbology), 1998: 860-862.

[48] Zhong Guo Yao Li Xue Za Zhi (Journal of Herbology and Toxicology), 1985; 2(2): 127.

[49] Ren Min Wei Sheng Chu Ban She (Journal of People's Public Health), 1988; 302.

[50] Zhong Yao Xue (Chinese Herbology), 1998; 204-205.

犬猫术部感染相关因素分析
Factors associated with surgical site infections in dogs and cats

谷健二 *

日本山口大学共同兽医学部，日本山口县山口市，7538515

1 前言

术部感染（surgical site infection, SSI）是发生频率最高的的术后并发症。对于人医的骨外科而言，SSI会导致患者入院天数延长约2周，再次入院概率增加1倍，并且使医疗费用上涨至300%以上。在小动物临床上，虽然无菌术的术后感染率为2% ~ 4.8%[4、6、16、19]，但特别考虑在骨外科中会使用骨科材料，手术时间会相对延长，因此将SSI率减小至极限是首要目标。此外，在过去的十年中，对于围手术期感染预防的概念出现了变化，在日本的人医中，手部消毒的方法从原来的无菌水改至自来水，从刷手改至洗手，运送患者的担架中途也不再更换，直接将患者运入手术室。产生这些变化的原因是由于各个医院对于SSI监测的普及，以及一些临床的实际证据。筛选的理由不考虑时间和经济因素。由于兽医临床上对于SSI监测的普及程度不高，因此各个医院以及术者之间的差异较大，各种方法也未必都被熟知。为了预防SSI，本文将对于小动物医疗中需要注意的风险因素进行介绍。

> 由于兽医临床上对于SSI监测的普及程度不高，因此各个医院以及术者之间的差异较大，各种方法也未必都被熟知。

2 SSI的相关因素

2.1 宿主因素

动物的性别、年龄、身体状态、营养状态、有无并发症以及术后手术创口的状态都会对其产生影响。Nicholson等[16]的报告显示，在未绝育的雄性，以及并发内分泌疾病的病例中，术后的感染率会显著的升高。手术的创口可以分为 Ⅰ ~ Ⅳ级。随着术前污染程度增加，SSI的概率随之上升（表1）。虽然人医的SSI预防措施并非与兽医完全一致，但考虑仍有共通的地方，所以将一部分内容摘录记载于（表2）。将在术前可以进行的纠正因素尽可能先行纠正。对于SSI的预防，高超的手术技巧以及参与手术的实习医生的人数也是需要考虑的方面。这可以被理解是由于各个医院对于人员的培训程度不同所造成的。有报道中称，应该培训医院人员无论对应那种骨科手术，都不能将消毒方法简化，而是遵守一定的消毒程序进行消毒[23]。

作者简介
谷健二 日本山口大学共同兽医学部，ktani@yamaguchi-u.ac.jp。
Corresponding author: Kenji TANI, ktani@yamaguchi-u.ac.jp, Yamaguchi University, Japan.

表1　手术创的分类与手术部位感染（SSI）率

手术创的分类		说明	术后SSI率
I级	清洁创	完全没有炎症存在的非污染创，不包括呼吸道、消化道、生殖道、及未感染的尿道	2%～4.8%
II级	清洁－污染创	气管、消化道、生殖道以及尿道在人为控制下被开放，并没有出现异常污染的手术创	3.5%～5.0%
III级	污染创	包括开放创、新鲜创、偶发的创伤。术中无菌技术有明显缺陷（例：开胸心脏按摩）或者消化道内容物、感染的尿液流入创口	4.6%～12%
IV级	化脓（感染）创	存在坏死组织的陈旧性外伤，已出现临床感染或者出现消化道穿孔的病例	3.7%～18.1%

表2　在人医中预防SSI的措施

	可以纠正	无法纠正
宿主	肥胖	糖尿病
	近期有吸烟史	男性
	Ht＜36	风湿性关节炎
	围手术期出现高血糖	ASA分级3级以上
	从鼻腔内分离出金黄色葡萄球菌	近期体重减轻
		全身性肿瘤
		从其他健康管理设施入院的病例
手术技术	预测失血量在1%以上	预测失血量在1%以上
	手术时间长	手术时间长
	抗生素给药时机不当	陈旧性感染创的手术
	参与手术实习医生超过2人以上	导管放置时间过久
	导管放置时间过久	医院实施较少的手术
	手术通路接近脊髓周围	外科医实施较少的手术

注：即使是同样的原因也存在可能纠正与不可能纠正的项目。

2.2 剃毛的方法与时机

由于剔毛会在皮肤上产生细微的创伤，使其成为细菌滋生的温床，所以剃毛的的时机相当重要。手术前一天或者手术4h之前除毛的病例，SSI的发生率很高。手术当天使用剃刀进行除毛的SSI率为10%，与之相对，使用电推子进行剃毛后SSI率为3.2%，可以看出使用电推子可以明显降低SSI的发生率（表3）[1]。另一项关于剃刀和脱毛膏的调查中显示，使用剃刀的情况下感染率为5.6%，而使用脱毛膏的情况下为0.6%、不剃毛的情况下为0.6%[18]。在兽医领域中，就算是上午进行的手术，也最好能够在手术之前使用电推进行剃毛。在手术创口周围已经被污染的情况下，手术当日需要先进行适当的治疗。在本医疗中心，在手术之前采用电推与脱毛霜并用的方法进行除毛，不过脱毛霜有可能会导致皮炎（特别是阴囊），因此需要注意。

表3　于SSI发生率相关的主要因素

SSI相关因子	条件		SSI发生率
手套破损[15]	有		7.5%（51/677）
	无		3.9%（137/3 470）
体温过低（36℃以下）[12]	有		19.0%
	无		6.0%
术中至术后 2h 吸氧[8]	氧气浓度 30%		11.2%
	氧气浓度 80%		5.2%
除毛的方法与时机[1]	手术前日傍晚	剃刀	8.8%
		电推	7.5%
	手术当天	剃刀	10.0%
		电推	3.2%

表4　手套破损率

条件	手术时间	破损率
骨外科[24]		45%（45/100 手套）
		8.7%（69/792 手套）
骨外科（全膝置换术）[3]		38.5%（27/70 手套）
		4.3%（48/1 120 手套）
普通外科[15]	总计	
	2h 以内	9.40%
	2h 以上	34%
胸腔镜手术[11]	2h 以内	3%（1/33 手套）
	2h 以上	28%（5/18 手套）
一层手套[24]		9.60%
两层手套内层[24]		0.80%
一层手套[13]		11%
仅两层手套的外层[13]		10%
两层手套的外层以及内层[13]		2%

普通的骨外科以及手术时间延长会增加手套破损率。

戴了两层手套的情况下连内层手套都出现破损的概率较低。

由于术中手套破损率较高，因此手套应被视为较容易破损的物品。

2.3 一次性粘贴手术巾的适用性

创巾的作用是将没有剃毛的区域与术野分开。布置的创巾，需要在高压灭菌后进行彻底干燥，并且挑选那些防水性能保持良好的创巾使用。骨外科多使用一次性灭菌纸质创巾。为使消毒之后的皮肤不暴露于切开后的术野中，会使用一次性粘贴手术巾。然而，无论是在人医领域[20]中还是在兽医领域[17]中，都出现了较多质疑其适用性的报道。然而另一方面，在使用温风来保持体温的情况下（后述），术野外的细菌有可能通过创巾的间隙与温风一同入侵术野。但使用具有黏附性的粘贴性手术巾，则有可能使这种情况的可能性降至最小。本医疗中心将一次性粘贴性手术巾作为体温维持的一部分使用。

2.4 术者手套

关于术者手套的穿戴有多个节点，其中特别需要注意以下几点：不能以此来替代手部消毒、多数情况下直到术后才会注意到手套出现破损、由于术者不同所以损伤的程度无法预测等。对于需要处理骨折以及使用锐利的手术器械的骨外科而言，手套的破损率相当高[3]。在对某两家动物医院的调查研究中显示，手套的破损率为23.3%，非惯用手一侧的手套破损率较高，非软组织手术，尤其是手术时间超过1h的破损率较高。Misteli等[15]报道称，在包括消化道外科在内的软组织外科手术中，若手术时间超过了2h，手套破损的概率就会上升，2h以内的破损率为3.4%，2h以上为34%。SSI率在手套破损的情况下为7.5%，没有破损的情况下为3.9%。因此建议术者若手术时间延长，应至少2h换一次手套。

在骨科以及产科领域中，关于穿戴两层手套与只穿一层手套时手套破损率的调查中显示，一层手套的破损率分别为9.6%和11%，两层手套内层也出现破损的概率为0.8%和2%。因此，穿戴两层手套的安全性更高（表4）[13]。另外，若内层手套采用较为醒目的颜色，则能较早发现破损部位[22]。本医疗中心进行骨外科手术时会穿戴两层手套，内层手套为鲜艳绿色。加厚的外科用乳胶手套与过去的手套相比，并不能很好地减少损伤的概率[9]，可能只会影响触觉的灵敏度。

2.5 是否给与预防性抗菌药物和给与时间

有报道显示，在犬的骨外科中，此方法有效[21]。有人医的报道中称，若在切皮的75min之前或切皮后30min以内给药，SSI率会显著上升，在兽医领域建议在切皮前30~60min进行预防性给药[10]。对于像骨外科之类的无菌手术而言，皮肤表面常在的葡萄球菌是主要预防对象，因此推荐使用第一代头孢[14]（头孢唑林，若手术时间延长，则每2h给予22mg/kg）。另外，若术前没有给予预防性的抗生素，并且手套出现了破损，感染率会显著增加，需要特别留意。

2.6 手术与麻醉时间

在人医领域中，已得知手术时间以及麻醉总时间的延长会增加SSI发生的风险。不过在兽医领域，不能断言仅仅延长手术时间是

否会增加发生风险，但总麻醉时间的延长确实会成为危险因素。Beal等[2]的报告显示，麻醉时间延长1h，SSI率会上升30%。所以不能随便延长不必要的麻醉时间。

2.7 低体温

对人体而言，36℃以下的低体温会使血管收缩，导致手术创供氧减少，中性粒细胞的氧化杀菌能力下降，从而增加SSI的发生风险。因此必须采取预防措施，确保体温在36.5℃以上。另外，体温过低也会延长从入院至拆线所需的时间[12]。本医疗中心为了保持术中的体温，采用了送风式热毯。有报告显示，直肠结肠切除术的术中以及术后2h进行吸氧可以减少SSI发生率。吸入30% O_2 的病例SSI率为11.2%，吸入80% O_2 的病例SSI率为5.2%[8]。这可以认为是由于吸入高浓度的氧气可以提高中性粒细胞的氧化杀菌能力。

2.8 气流

理想的手术室设计应该使气流从上至下单一方向的低速流动。手术台以下、人的腰部以下并非无菌区域，所以不能做出会扰乱这种空气流向的行为（例如，非必要的人员进出手术室，术者在手术中时站时坐等）。

3 总结

一方面，即使是对于SSI监测已经相当先进的人医的无菌手术而言，SSI率也没有达到将近零的水平；另一方面，即使省略了在本文中提到的某些要点，也不能说SSI一定会马上增加。这些危险因素只是外在容易观察到的现象，所以也并不完全正确。例如，延长麻醉时间会使手套破损的概率增加，会引起体温过低，还会导致粘贴性手术巾从创口处脱落，这些综合因素最终可能导致了SSI率的增加。不过，即使如此，也应该将这些因素综合起来一起预防，以达到降低总SSI率的目的。消毒和备皮是手术准备的基础，因此决不能省略。希望本文能为如何控制SSI的发生率提供些许帮助。

译者：陈君妍　日本东京大学兽医学部

审稿：张迪　中国农业大学动物医学院

参考文献

[1] Alexander JW, Fischer JE, Boyajian M, Palmquist J, Morris MJ. The influence of hair-removal methods on wound infections. Arch Surg. Mar 1983;118(3):347-352.

[2] Beal MW, Brown DC, Shofer FS. The effects of perioperative hypothermia and the duration of anesthesia on postoperative wound infection rate in clean wounds: a retrospective study. Vet Surg. Mar-Apr 2000;29(2):123-127.

[3] Beldame J, Lagrave B, Lievain L, Lefebvre B, Frebourg N, Dujardin F. Surgical glove bacterial contamination and perforation during total hip arthroplasty implantation: when gloves should be changed. Orthop Traumatol Surg Res. Jun 2012;98(4):432-440.

[4] Brown DC, Conzemius MG, Shofer F, Swann H. Epidemiologic evaluation of postoperative wound infections in dogs and cats. J Am Vet Med Assoc. May 1 1997;210(9):1302-1306.

[5] Character BJ, McLaughlin RM, Hedlund CS, Boyle CR, Elder SH. Postoperative integrity of veterinary surgical gloves. J Am Anim Hosp Assoc. May-Jun 2003;39(3):311-320.

[6] Eugster S, Schawalder P, Gaschen F, Boerlin P. A prospective study of postoperative surgical site infections in dogs and cats. Vet Surg. Sep-Oct 2004;33(5):542-550.

[7] Fossum, T. W., Willard, M. D. (2008) 手術時の感染と抗生物質の選択. スモールアニマルサージェリー（Fossum, T. W., eds）, 3rd ed:93-104. インターズー, 東京.

[8] Greif R, Akca O, Horn EP, Kurz A, Sessler DI. Supplemental perioperative oxygen to reduce the incidence of surgical-wound infection. N Engl J Med. Jan 20 2000;342(3):161-167.

[9] Han CD, Kim J, Moon SH, Lee BH, Kwon HM, Park KK. A randomized prospective study of glove perforation in orthopaedic surgery: is a thick glove more effective? J Arthroplasty. Dec 2013;28(10):1878-1881.

[10] Junker T, Mujagic E, Hoffmann H, et al. Prevention and control of surgical site infections: review of the Basel Cohort Study. Swiss Med Wkly. 2012;142:w13616.

[11] Kojima Y, Ohashi M, Unnoticed glove perforation during thoracoscopic and open thoracic surgery. Ann Thorac Surg. 2005 Sep;80(3):1078-1080.

[12] Kurz A, Sessler DI, Lenhardt R. Perioperative normothermia to reduce the incidence of surgical-wound infection and shorten hospitalization. Study of Wound Infection and Temperature Group. N Engl J Med. May 9 1996;334(19):1209-1215.

[13] Lancaster C, Duff P. Single versus double-gloving for obstetric and gynecologic procedures. Am J Obstet Gynecol. May 2007;196(5):e36-37.

[14] Marcellin-Little DJ, Papich MG, Richardson DC, DeYoung DJ. Pharmacokinetic model for cefazolin distribution during total hip arthroplasty in dogs. Am J Vet Res. May 1996;57(5):720-723.

[15] Misteli H, Weber WP, Reck S, et al. Surgical glove perforation and the risk of surgical site infection. Arch Surg. Jun 2009;144(6):553-558; discussion 558.

[16] Nicholson M, Beal M, Shofer F, Brown DC. Epidemiologic evaluation of postoperative wound infection in clean-contaminated wounds: A retrospective study of 239 dogs and cats. Vet Surg. Nov-Dec 2002;31(6):577-581.

[17] Owen LJ, Gines JA, Knowles TG, Holt PE. Efficacy of adhesive incise drapes in preventing bacterial contamination of clean canine surgical wounds. Vet Surg. Aug 2009;38(6):732-737.

[18] Seropian R, Reynolds BM. Wound infections after preoperative depilatory versus razor preparation. Am J Surg. Mar 1971;121(3):251-254.

[19] Vasseur PB, Levy J, Dowd E, Eliot J. Surgical wound infection rates in dogs and cats. Data from a tenchiy hospital Vet Surg. MarApr 1988; 17(2):60-64.

[20] Webster J, Alghamdi A. Use of plastic adhesive drapes during surgery for preventing surgical site infection. Cochrane Database Syst Rev. 2013;1:CD006353.

[21] Whittem TL, Johnson AL, Smith CW, et al. Effect of perioperative prophylactic antimicrobial treatment in dogs undergoing elective orthopedic surgery. J Am Vet Med Assoc. Jul 15 1999;215(2):212-216.

[22] Wigmore SJ, Rainey JB. Use of coloured undergloves to detect glove puncture. Br J Surg. Oct 1994;81(10):1480.

[23] 山口 伸也. 周術期感染対策とその管理. Surgeon. 2005;9(4):42-51.

[24] Yinusa W, Li YH, Chow W, Ho WY, Leong JC. Glove punctures in orthopaedic surgery. Int Orthop. Feb 2004;28(1):36-39.

[25] 厚生労働省 院内感染対策サーベイランス事業：http://www.nih-janis.jp/index.asp.

[26] Guide to the Elimination of Orthopedic Surgical Site Infection 2010. http://apic.org/Professional-Practice/Implementation-guides.

犬冠状病毒感染现状及预防

Corona virus infection and its preventative measures in canine patient

张海泉*

硕腾（上海）企业管理有限公司，上海长宁，200050

摘要： 犬冠状病毒在我国宠物临床中检出率较高，但临床兽医对其是否需要免疫存在一定的争议。本文从犬冠状病毒的流行性及其最新的变化、发病及免疫机制等几方面进行了综述，希望能对宠物临床免疫有所指导。

关键词： 犬冠状病毒，检出率，发病机制，免疫

Abstract: Canine Corona virus (CCV) is highly detected in small animal practice in China, however there are different opinions about vaccination CCV for dogs. The prevalence, lates transformation, pathogenesis, and immune mechanism about CCV are discussed in the article.

Keyword: Canine coronavirus, detective rate, pathogenesis, immunity

冠状病毒（Coronavirus）是近些年来媒体曝光率非常高的一种病毒。无论是2002年的"非典型性肺炎"还是2012年WHO就新发现的新型冠状病毒感染患者向全球发出警告，都与冠状病毒有关。犬——作为人类最忠实的伴侣也会感染冠状病毒，然而对于犬冠状病毒（CCV），有人认为临床病例很少见；其症状轻微无需特别关注；还有人认为它是一个不需要接种疫苗的传染病。

冠状病毒令世人如此瞩目，如此迷惑，到底是一种什么病原体呢？冠状病毒又称为日冕病毒，略呈球形，直径80~160nm。有囊膜，其表面覆盖有12~24nm的纤突，纤突末段呈球形，整个纤突之间保持较宽的间隙整齐规则的排列成皇冠状（图1），故此命名。其膜表面蛋白S（刺突糖蛋白）在免疫过程中具有重要作用[1]。

冠状病毒最早分离于鸡，可感染多种动物包括啮齿类、牛、猪、兔、猴、猫、犬、人和鸟类等，对胃肠道、呼吸道和神经系统具有广泛的侵袭性[2]。目前发现其包括3个抗原群，其中犬冠状病毒（CCV）、猫传染性腹膜炎病毒和猫肠炎冠状病毒等宠物相关的都属于Ⅰ抗原群。基因学上将CCV分为Ⅰ和Ⅱ两类。

CCV作为犬常见的急性传染病，在临床

通讯作者
张海泉 haiquan.zhang@zoetis.com，硕腾(上海)企业管理有限公司。
Corresponding author, Haiquan Zhang, haiquan.zhang@zoetis.com , Zoetis, Animal Health Department.

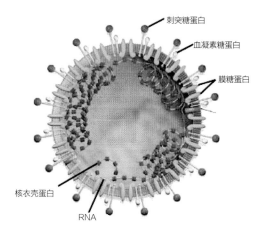

刺突糖蛋白
血凝素糖蛋白
膜糖蛋白
核衣壳蛋白
RNA

图1　冠状病毒模式图（摘自N Engl J Med 348;20:1949）

上症状各不相同。但不同品种、年龄、性别的犬只都可感染。通常表现为肠炎症状，包括呕吐、腹泻（典型特征为橘色恶臭粪便）、厌食、精神沉郁等，但通常比犬细小病毒（CPV）感染症状轻且死亡率较低，因此不被宠物医师或主人所重视，但实际上CCV给宠物带来的危害或许要高于人们的想像。

1 CCV在犬只中的感染率

调查显示，CCV在犬只中感染率非常高。犬冠状病毒自1971年首次在美国军犬粪便中检出，随后在世界其他各地都有报道，国内1985—1990年徐汉坤、刘海涛、王允海分别报道了警犬、军犬CCV的感染[3]。但CCV引起的疾病至今未得到充分的调研，其在胃肠炎中扮演的角色细节还不太清楚。最近二三十年来的人们更多将注意力放在CCV毒株的基因变化及鉴定新型基因型或新型CCV上。CCV目前全球仍呈地方性流行。Tennant流调发现英国数个犬场CCV血清阳性率高达76%～100%,粪便病毒分离率为43％[4]。2001年Mochizuki等采用PCR方法检测腹泻与正常犬粪便，两者CCV阳性率分别为57.3%和40%。用基因学方法从日本腹泻犬检测或分离出16%或57%的CCV，澳大利亚采用血清学方法检测腹泻犬发现85%对CCV-IgM抗体呈阳性反应，提示其曾被感染[5]。1999—2005年不

同研究者采用RT-PCR方法检测腹泻犬粪样，发现犬肠炎型冠状病毒感染率在15%～42%，在犬舍该感染率高达73%[6]。

在我国，张伯强等对38份腹泻粪样作CCV和CPV双项检测，CCV阳性16例（42.1%）。温海对40份发病死亡的肠道病料和收集的137份各地犬群粪样品进行CCV检测，发病死亡犬病料CCV阳性率为20%。昆明、沈阳、南京健康犬群粪样中CCV阳性率分别高达93.1%、87.2%、73.1%。王玉燕等收集家养腹泻犬粪样52份，犬场群养健康犬粪样81份，腹泻粪样5份，用巢式PCR方法检测发现：健康群养犬粪样86.4%检出CCV-Ⅱ；腹泻病犬粪样阳性率平均为49.1%[7]。张晋对北京临床犬调查发现CCV感染率为20%。

对于临床表现正常的犬只仍能检测到CCV，表明动物已感染过CCV[5]。由此可见CCV感染广泛存在于家养和群养犬中。

2 CCV的致病性

2.1 CCV单独感染可导致严重致死性疾病

CCV仅有一个血清型[8]，长期以来被多数人认为仅引起轻微的临床症状，从而一直未被引起足够的重视。从20世纪90年代末期开始，日本、澳大利亚、意大利等国的报道显示，CCV具有比以前更强的毒力[9]。2005年意大利发生高致病性CCV感染。7只6～8周龄的幼犬发病，症状很像CPV感染，持续发热（39.5～40℃）、精神萎靡、厌食、呕吐、血样腹泻和出现神经症状，全身症状出现后2d内死亡，白细胞数量降至正常水平的50%。内脏器官多处损伤严重。除用RT-PCR的方法检测到CCV外，未见其他常见病原体（图2）[10]。同年Evermann等也报道了两例7～8周龄的幼犬因严重肠炎死亡（图3），电镜和免疫组化检查仅发现CCV而未见CPV（图4）[9]。2006—2008年英国PDSA宠物救助医院47家分院收集355份严重腹泻粪样，发现CPV、CCV感染率居前两位，分别占58%和7.9%。虽然CCV合并CPV感染的发生率仅占2%，但CCV、

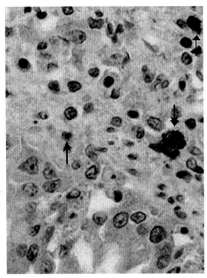

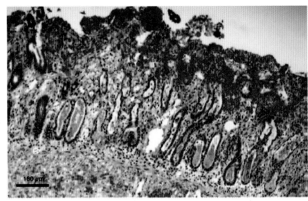

图3 显微镜下苏木精-伊红染色的回肠切片。可见绒毛严重变短，隐窝上皮变薄，坏死细胞增多。由于纤维素、蛋白类物质和红细胞的出现固有层变厚。整个小肠可见成段的坏死性肠炎病变（摘自Evermann, 兽医诊断研究杂志, 2005）

图2 采用特异性单克隆抗体免疫组化的方法在犬肺检测到的CCV抗原（箭头所指）（摘自Canio Buonavoglia et al, 欧洲传染病杂志, 2006)

图4 苏木精-伊红免疫组化染色显微镜下小肠切片：A. 鼠抗CCV抗体染色，可见红染的CCV沿绒毛顶端分布于上皮细胞内，而未深入隐窝部分；B. 阴性同型抗原对照，未见染色；C. 鼠抗CPV抗体染色，隐窝扩张并有坏死的细胞屑片，但未见红染的CPV-2抗原（摘自Evermann, 兽医诊断研究杂志, 2005）

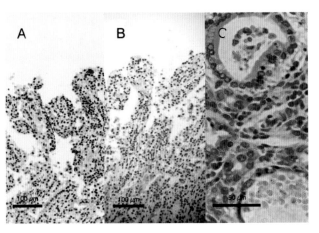

CPV死亡率分别为21.4%、30%，其他原因不清的占25%，死亡率差异并不显著[6]。这些结果与以前广泛认为的CCV仅引起轻微的临床症状，死亡率远低于CPV感染的结果有明显差异。同样类似的致死性冠状病毒病在法国和比利时也有报道。肠道以外组织分离到的CCV可能与其在胃肠道的局部扩散或者病毒血症有关，但尚未从血液中分离到病毒[11]。高致病性CCV的出现可能与不同CCV毒株之间出现分子杂交和遗传信息的增减有关。已有人分离出引起高致病性的Ⅱ型CCV感染[10]，但在患犬中CCV-Ⅰ和CCV-Ⅱ都可检出，中国和欧洲Ⅱ型检出率更高[7, 12]。

2.2 CCV可加剧其他病原引发的疾病

CCV与其他传染病合并感染症状将更为严重甚至导致死亡。1988年Appell发现CCV可使随后发生的CPV-2的症状变得更为严重，死亡率显著增加（表1）[13]。1999年Annamaria Pratelli等报道CPV-2b感染的幼犬在康复后15d再次发生严重的出血性肠炎并死亡，采用单克隆荧光抗体检测感细胞培养物证实为CCV感染。也有报道表明先前感染过CPV（2或2b）可增强动物对CCV的易感性或疾病的严重程度[14]。温海检出的8份CCV阳性病死犬样品中有5份是同其他病毒混合感染[7]。成都双流动物医院收治42例CCV阳性犬，其中合并

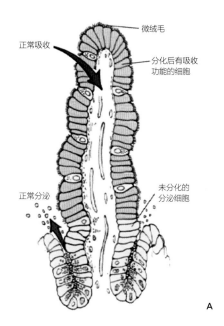

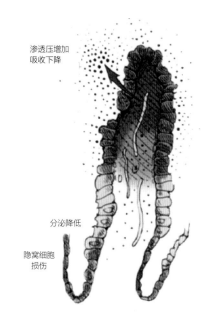

微绒毛

正常吸收

分化后有吸收功能的细胞

正常分泌

未分化的分泌细胞

渗透压增加吸收下降

分泌降低

隐窝细胞损伤

A

B

图5　A. 正常的肠绒毛，下端隐窝细胞沿绒毛逐步分化为有吸收功能的成熟细胞；B. 感染CPV后隐窝上皮细胞受损，黏膜萎陷，肠道分泌和吸收功能明显下降［摘自Greene.犬猫传染病学（第三版）］

CPV、CDV感染者分别死亡8例和1例，总死亡率为21.4%[2]。犬传染性呼吸道疾病虽然由多因素（如CPIV、CAV-2、博代氏杆菌等）导致，但试验感染上述任何单一病原只能引起轻度而非严重呼吸道疾病[5]。Erles研究发现犬只进入收容所时若血清中存在CCV抗体，则其后发展为呼吸道疾病的风险将降低，但单独的CCV感染仅可能引起轻微或亚临床的呼吸系统症状，合并感染则可出现严重的呼吸系统疾病[15]。说明CCV增加合并感染的风险并不仅限于胃肠道系统。除并发CPV、CDV等感染外，CCV也可合并CAV-1感染，表现出严重的肠炎症状、白细胞减少、呼吸困难和脱水，症状出现7～8d后幼犬死亡[16]。因此，CCV的出现会加剧其他病原引发的疾病。

表1　CCV及其对CPV感染结果的影响

组别	症状	死亡率	康复率
CCV	+	0	100%
CPV	+++	0	100%
CCV+CPV	+++++	89%	11%

注："+"代表阳性。

3　犬冠状病毒病的发病机制

CCV一般通过粪口途径感染。潜伏时间较短，自然感染一般为1～4d，试验感染犬仅为24～48h。通常感染后3～14d都可能从粪便分离到CCV病毒。多数犬感染后8～10d症状消失，但仍可能继续排毒。

感染后CCV从肠腔侵入小肠绒毛成熟上皮细胞，并主要在肠绒毛上2/3的柱状上皮快速复制或在胞浆囊泡内蓄积。通过激发细胞溶解酶，导致绒毛脱落和变短，从而引起分泌乳糖酶和蛋白酶能力显著下降，水、电解质等因吸收减少而被滞留在肠管中。乳糖等营养成分的积蓄造成渗透性水潴留，导致腹泻、脱水等症状，导致正常的肠道结构和功能破坏（图5A）。成熟病毒颗粒通过囊泡顶端质膜或被感染细胞质膜溶解而释放到外部环境而引起排毒。最终结果是被感染细胞越来越快地从绒毛上脱落，而被加速增殖的下层隐窝上皮（未成熟细胞）替代，但绒毛坏死和出血很少，因此多数情况下单纯的CCV仅表现轻微临床症状。

如果出现其他病原体的合并感染（如

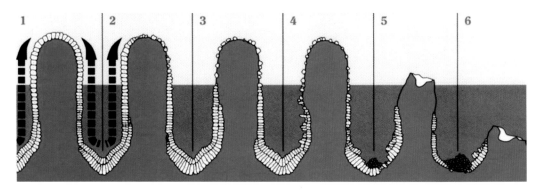

图6　CCV合并CPV感染后，肠道分泌和吸收功能几乎完全丧失，犬只死亡率大大增加

1. 正常肠道，肠上皮细胞由隐窝细胞增殖分化，沿肠绒毛向上推移成熟；2. 犬冠状病毒感染和损伤绒毛顶部的成熟上皮细胞；3. 为代偿被犬冠状病毒感染所损伤的上皮细胞，隐窝细胞加速增殖；4. 细小病毒对快速分化的上皮细胞有很强的亲和力；5. 犬冠状病毒感染引起的隐窝细胞增殖加速，导致细小病毒感染更严重；6. 双重感染引起严重临床特征和高死亡率的急性肠炎

CPV、CAV-1、产气荚膜杆菌、弯曲杆菌、沙门氏菌等）则可加重临床表现。以继发CPV感染为例，CPV感染后仅在快速分化的细胞上复制，先在淋巴组织，后在肠道隐窝上皮复制（病变见图5B）。感染CCV时为弥补小肠绒毛上皮的损伤，扁平的隐窝上皮细胞快速分裂以修补肠绒毛上皮。这种加速增殖的隐窝上皮细胞为CPV提供了良好复制场所。因此CPV、CCV并发感染，其临床症状的严重程度要远高于任一病原体单独感染（图6），由此可看出预防CCV和预防CPV一样重要[8]。

4　CCV的免疫机理

关于CCV的免疫机理目前还不是特别清楚，但一般认为肠道分泌的黏膜抗体起重要作用。CCV进入肠腔后被派伊尔淋巴集结（Peyer's patches）圆顶上皮的M细胞摄入，随后被转移至下层淋巴组织[15]。接种后CCV抗原通过刺激机体初次免疫应答产生少量血浆体，同时在肠道内形成免疫记忆细胞。再次接触CCV后则刺激肠道产生抗CCV的IgA等抗体。后者与肠道中的CCV结合形成免疫复合

物，阻止病毒进一步进入肠上皮而发挥免疫保护作用。感染犬十二指肠分泌物中已检测到所有三种抗CCV免疫球蛋白，其中IgG和IgA水平的增加明显与患犬停止排毒同步[15]。

临床兽医常习惯于以血清抗体滴度高低作为免疫保护能力高下的评估指标，但CCV不完全一样。因为CCV感染主要局限于肠道，循环抗体对于CCV引起的肠炎作用不明显。这也是有人觉得接种CCV疫苗意义不大的原因之一。冠状病毒感染引起的哺乳仔猪传染性胃肠炎（TGEV）研究表明，分泌性IgA与免疫保护有很大相关性，提示肠道局部免疫的产生和/或局部及全身细胞介导免疫的产生在控制此类感染方面比循环抗体更重要[15]。因此，CCV血清抗体滴度仅作为疫苗效力或者判断是否被感染的参考，而不能作为CCV疫苗保护能力的直接指标[17]。

5　犬冠状病毒病的预防

目前已有犬冠状病毒疫苗，这些产品如勃林格殷格翰的犬四联＋莱姆＋四价钩体疫苗[a]，梅里亚的基因重组犬细小＋冠状疫苗[b]，

---

[a] Duramune Lyme® + Max 5-CvK/4L, Boehringer-Ingelheim, Germany.
[b] RECOMBITEK® Canine Parvo + Corona-MLV, Merial, France.

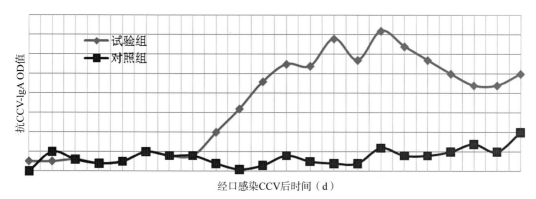

图7 接受CCV攻毒后免疫犬（试验组）和未免疫犬（对照组）粪便中IgA量比较（OD值为入射光和透射光强度比的常用对数值，可用于检测部分溶液浓度）。攻毒后7d免疫组肠道分泌的IgA明显高于对照组

默沙东的犬四联＋二价钩体＋冠状疫苗[c]，硕腾的卫佳捌[d]等。根据某些疫苗生产商的资料显示疫苗接种后7d可显著升高粪便中抗CCV的IgA水平（图7）[18]。通过比较对照组血清学和免疫荧光抗体检查结果，免疫组血清抗体显著增加，肠道组织免疫荧光抗体检查未见CCV感染，但未免疫组血清抗体未见阳转，肠道出现不同程度的免疫荧光反应（表2）[18]。证实接种该疫苗可大大阻止CCV入侵

肠上皮的可能性而起到预防和保护作用。

临床兽医多数通过临床症状和/或指标来判断动物是否患病或健康（得到保护）CCV感染。单一性感染当其临床症状轻微时，临床医生从表观上很难看出动物是否患病，同样也很难区分具有轻微CCV症状的动物与得到疫苗保护的健康动物。看不出两者明显差异可能是临床医生对犬冠状病毒预防有些争议的根本所在。

表2 接种CCV灭活疫苗和口服攻毒后疫苗对肠道的保护

试验犬	血清抗体滴度		肠道切片编号及免疫荧光抗体强度									
	接种前	攻毒前	1	2	3	4	5	6	7	8	9	10
疫苗组												
1	阴性	1 280	−	−	−	−	−	−	−	−	−	−
2	阴性	2 560	−	−	−	−	−	−	−	−	−	−
3	阴性	1 280	−	−	−	−	−	−	−	−	−	−
4	阴性	1 280	−	−	−	−	−	−	−	−	−	−
5	阴性	1 280	−	−	−	−	−	−	−	−	−	−
6	阴性	1 280	−	−	−	−	−	−	−	−	−	−
7	阴性	1 280	−	−	−	−	−	−	−	−	−	−

[c] Nobivac Canine 1−DAPPvL2+Cv, MSD, America.

[d] Vanguard Plus5 CVL, Zoetis, America.

续表

试验犬	血清抗体滴度		肠道切片编号及免疫荧光抗体强度									
	接种前	攻毒前	1	2	3	4	5	6	7	8	9	10
8	阴性	640	–	–	–	–	–	–	–	–	–	–
对照组												
9	阴性	阴性	–	–	–	–	1+	1+	1+	2+	1+	1+
10	阴性	阴性	–	–	–	1+	1+	1+	1+	1+	2+	4+
11	阴性	阴性	–	–	–	–	1+	3+	4+	3+	1+	1+

注：荧光抗体强度反映 CCV 复制的程度；—表示阴性，荧光抗体阳性强度从 1＋（最低）至 4＋（最高）。

审稿：叶俊华　公安部南昌警犬基地

参考文献

[1] Annamaria Pratelli, The evolutionary processes of canine coronaviruses. Advances in virology, 2011, article ID 562831.

[2] 杨金福，杨蓉生. 犬冠状病毒病的新临床特征研究. 西南民族大学学报自然科学版，2005，31(6): 933-935.

[3] 范志强，夏咸柱，武银莲等. 检测犬冠状病毒中和抗体的方法与应用，中国畜禽传染病，1998, 20(11): 357-360.

[4] B.J. Tennant，R.M. Gaskell，C.J. Gaskell. Studies on the survival of canine coronavirus under different environmental conditions. Veterinary Microbiology, 1994, 42(11):255-259.

[5] Greene. Infectious disease of the dog and cat(3rd.). Canada: Saunders Elsevier, 2006: 54-72.

[6] S.A. Godsall, S.R. Clegg, J.H.Staavisky, et al.. Epidemiology of Canine Parvovirus and coronavirus in dogs presented with severe diarrhea to PDSA PetAid hospitals. Veterinary Record, 2010, 167: 196-201.

[7] 马保臣. 不容忽视的犬冠状病毒感染. 泰州，第十三次全国养犬学术研讨会论文集，2009: 487-489.

[8] 徐汉坤. 犬冠状病毒的研究进展. 警犬, 2001, 5: 7-10.

[9] J.F. Evermann, J.R. Abbott et al.. Canine coronavirus-associated puppy mortality without evidence of concurrent canine parvovirus infection. J Vet Diagn Invest, 2005 17: 610-614.

[10] Canio Buonavoglia, Nicola Decaro, Vito Martella, et al..Canine coronavirus highly pathogenic for dogs. Emerging infectious diseases, 2006, 12(3): 492-494.

[11] 丁壮. 犬冠状病毒病发病机理研究概况. 畜牧兽医科技信息, 1997,2: 2-3.

[12] Nicola Decaro, Viviana Mari, Gabriella Elia et al.. Recombinant canine coronaviruses in dogs, Europe. Emerging infectious diseases, 2010, 16(1):41-47.

[13] Appell MJG. Does canine coronavirus augment the effects of subsequent parvovirus infection. Vet Med, 1988: 360-366.

[14] Annamaria Pratelli, Maria Tempesta, Franco P. et al.. fatal coronavirus in puppies following canine parvovirus 2b infection. J Vet DiGN Invest, 1999，11:550-553.

[15] Kerstin Erles, Crista Toomey, Harriet W. Brooks, et al.. Detection of a group 2 coronavirus in dogs with canine infectious respiratory disease. Virology, 2003, 310: 216-233.

[16] A. Pratelli, V. Martella, G. Elia et al.. Severe Enteric Disease in an Animal Shelter Associated with Dual Infections by Canine Adenovirus Type 1 and Canine coronavirus. Journal of Veterinary Medicine, Series B ,2001, 48: 385-392.

[17] Nicola Decaro, Annamaria Pratelli, Antonella Tinelli et al.. Fecal Immunoglobulin A Antibodies in Dogs Infected or Vaccinated with Canine Coronavirus. Clinical and diagnostic laboratory immunology, 2004, 1:102-105.

[18] M.J.Coyne. Mucosal antibody is the principal mode of protection against canine coronavirus enteritis (Technical bulletin). PA, SmithKline Beecham Animal Health, 1994, (8).

非洲迷你刺猬子宫内膜炎病例分析
Diagnosis and treatment of endometritis in porcupines

张拥军[1*]　　宋晓静[2]

[1]北京荣安动物医院，北京海淀，100019

[2]北京安立动物医院，北京朝阳，100016

摘要： 非洲刺猬（*Hetrothermic*）的子宫内膜炎是刺猬临床常见疾病，但该品种宠物数量稀少，所以其疾病诊治国内罕有报道。本文中5岁的雌性非洲刺猬因生殖道流血性泌物，并偶有血块流出前来就诊，临床检查发现腹部膨胀，根据X线片初诊断为子宫内膜炎。采用吸入麻醉后，对该刺猬进行开腹探查，结果证实子宫已经大量积液，同时进行手术，刺猬术后恢复良好。

关键词： 非洲刺猬，刺猬疾病，子宫内膜炎，子宫积液

Abstract: Pyometra in African hedgehog (Hetrothermic) is common. A 5 year old female hedgehog was presented to our hospital of vaginal discharge of bloody fluid. Physical examination revealed distention of the abdomen. Radiograph of the abdomen indicated fluid density in the caudal abdominal region. Pyometra was diagnosed and surgery was performed under inhalation anesthesia. Pus filled uterine were detected and ovariohysterectomy were performed. Patient recovered from the surgery and returned to normal thereafter.

Keyword: Porcupines, Africa hedgehog, hetrothermic, endometritis, pyometra

非洲迷你刺猬以其温顺的性情得到很多主人的青睐。但针对稀有动物可开展的检查项目少、用药有限、麻醉风险大，对兽医工作者开展诊断治疗提出了巨大挑战。本文对就诊的非洲迷你刺猬子宫内膜炎的诊治进行分析，以期为兽医同行提供诊断和治疗思路。

1 病史

非洲迷你刺猬，雌性，未绝育，5岁，体重370g，近1周主人发现刺猬阴门出血，鲜红色，偶尔暗红色。有时直接从阴道流出，有时随着尿液流出。偶尔可见血凝块。饮食、饮水、排便等未见明显异常。

2 临床检查

脉搏：130～135次/min，呼吸频率：30～50次/min，精神尚可，其他未见明显异常。

通讯作者

张拥军　北京荣安动物医院，院长，联系方式：914799612@qq.com。

Dr. Bruce Zhang, Beijing Rong Animal Hospital, E-mail: 914799612@qq.com, Corresponding author.

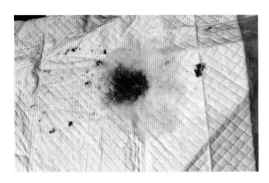

图1 该刺猬阴门流出的尿液，其间夹杂血样物质

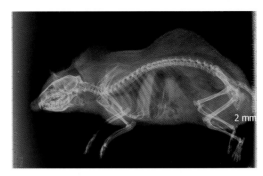

图2 X线片，右侧位，可见腹腔肠道积气，膀胱前方，前下方有密度阴影

3 血常规检查（剪断趾甲采末梢血液）

项目	数值	参考值
红细胞压积	28.2%	29% ~ 43%
红细胞计数	$3.9 \times 10^6 \mu l$	$4 \times 10^6 \sim 8 \times 10^6 \mu l$
血红蛋白	9.15g/dl	9.2 ~ 14.8 g/dl
平均红细胞血红蛋白浓度	32.6g/dl	31 ~ 39 g/dl
血小板	$136 \times 10^3 \mu l$	$118 \times 10^3 \sim 334 \times 10^3 \mu l$
白细胞计数	$5.1 \times 10^3 \mu l$	$5 \times 10^3 \sim 17 \times 10^3 \mu l$
中性粒细胞	$7.89 \times 10^3 \mu l$	$2.5 \times 10^3 \sim 11.8 \times 10^3 \mu l$
淋巴细胞	$3.1 \times 10^3 \mu l$	$1.8 \times 10^3 \sim 6.6 \times 10^3 \mu l$
单核细胞	$0.2 \times 10^3 \mu l$	$0.3 \times 10^3 \sim 0.6 \times 10^3 \mu l$
嗜酸性粒细胞	0	$0.3 \times 10^3 \sim 2.1 \times 10^3 \mu l$
嗜碱性粒细胞	0	$0.1 \times 10^3 \sim 0.7 \times 10^3 \mu l$

4 X线检查（图2）

5 诊断

根据临床症状及临床检查和X线片结果，初步诊断为子宫内膜炎（子宫积脓）。

6 治疗

与主人沟通结果同意开腹探查，进一步确诊和治疗。

6.1 术前给药

抗生素：头孢曲松钠20mg，皮下注射；
止疼药：美洛昔康注射液0.1ml，皮下注射；
镇静剂：布诺菲诺注射液0.01 ml，皮下注射。

6.2 诱导麻醉

采用面罩麻醉方式（图3），扣上面罩，给予纯氧 5min，然后给予3%异氟烷约5min（图4），进入诱导麻醉后，再以1% ~ 2%的浓度维持麻醉。

刺猬进入诱导麻醉状态后立即监护。肛温36.9℃，呼吸频率32次/min，心率210次/min。

6.3 备皮

用推子剪掉腹部的被毛，四肢用铝箔纸包裹，以保温。打开循环水毯保温，水温维持在40℃。水毯上铺毛巾和尿垫，术中皮下给予10ml温生理盐水（图5）。

6.4 消毒

以脐孔为中心，用酒精、碘伏常规消毒皮肤。

6.5 子宫切除

脐孔下，沿腹中线依次切开皮肤、皮肌，打开腹腔，寻找子宫，分离并结扎卵巢

图3 采用面罩诱导麻醉

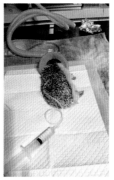

图4 给予纯氧5min，然后给予3%异氟烷5min

图5 备皮

图6 摘取的子宫，体积膨大，子宫内充满血液，子宫颈壁增厚，质地硬

经淋巴系统到达子宫内膜，引起子宫内膜发生炎性改变的一类疾病。如感染严重，毒素进一步吸收将会引起菌血症，最终导致多器官衰竭而死亡。对于稀有动物的这类病例，手术治疗是首选的治疗方法。

成年雌性非洲迷你刺猬的体重为500～600g，因而麻醉管理是保证手术成功的重要因素。有研究表明，采用异氟烷面罩麻醉是一种安全有效的麻醉方式。本手术采用布诺菲诺镇静，3%异氟烷面罩麻醉，1%～2%异氟烷维持麻醉，术中注意监护刺猬的呼吸及心跳，以确保麻醉的稳定。为了减少呕吐概率，术前刺猬需禁食4～6h。为了避免热量散失，刺猬四肢用锡纸包裹，背部用循环水垫加热，并皮下输液温生理盐水10ml，以免脱水。刺猬麻醉效果良好，手术进行顺利。

雌性刺猬具有双角子宫，单肌肉型子宫颈，但缺乏子宫体。各自从对应侧子宫角向外延伸，输卵管系膜和卵巢囊充满脂肪。卵巢位于卵巢囊内。由于其生理结构比较特殊，因此在手术中应尽量减少过度牵拉，注意结扎位置，保证结实，减少出血。

子宫内膜炎作为刺猬常见疾病，饲养时应注意及时更换垫料，避免粪尿污染，此外提前实施绝育手术可以有效避免疾病的发生。

和子宫阔韧带，剪断卵巢韧带。子宫颈处双重打结。剪断子宫（图6）。断端要留至少0.5cm。4-0 圆针可吸收缝合线，连续缝合腹壁，结节缝合皮下脂肪，皮内缝合皮肤。

6.6 术后补液

皮下输温生理盐水10ml。

7 术后护理

a.静养，保持伤口干燥，佩戴人工脖圈，防止舔咬伤口。

b. 口服拜有利2.5mg，每天2次，连续5d；美洛昔康口服液0.1ml，每天1次，连续3d。

c. 术后3d回访，阴道有少量红色分泌物，术后7d已完全恢复。

8 小结

子宫内膜炎是细菌经阴道、宫颈上行或经输卵管下行以及

审稿：施振声 中国农业大学

参考文献

[1] Cathy A. Johnson-Delaney. Exotic companion medicine handbook for veterinarians, Zoological education network: 2008. 7-10.

[2] Mark A. Mitchell, Thomas N Tully. manual of exotic pet practice. Saunders: 2009. 433-455.

鹦鹉喙羽症(PBFD)的临床症状及检测方法研究
Psittacine beak and feather disease: Its clinical signs and diagnostic method

唐国梁*

北京荣安动物医院，北京海淀，100190

摘要： 近年来鹦鹉喙羽症（Psittacine Beak and Feather Disease，PBFD）成为鹦鹉常见疾病之一，对幼年鹦鹉的威胁尤为明显。PBFD临床表现和严重程度呈多样化，包括羽毛异常、呼吸系统疾病、消化系统疾病等。本病由喙羽症病毒（Beak and Feather Disease Virus，BFDV）引起病毒携带个体可能突然死亡，也有可能不表现任何临床症状，所以常规临床诊断存在比较大的难度。本研究对16个鹦鹉血液样本所提取的DNA进行了巢式PCR扩增，证实分子诊断可以准确灵敏地检测和确诊PBFD病例。试验样本中有怀疑临床症状的病例的阳性检出率为71.4%（10/14），略高于已有文献报道。

关键词： 鹦鹉，喙羽症病毒，PCR

Abstract: Psittacine Beak and Feather Disease (PBFD) is one of the most common disorder in clinical bird practice, especially in younger parrot. It is caused by a virus called Beak and Feather Disease Virus (BFDV). Clinical presentations of PBFD vary greatly, including feather lossing, respiratory disturbances and even signs of the digestive system. Infected with this virus can cause sudden death, may not present any clincal signs and signs of inbetween. sixteen DNA samples from suspected psittacine patients were analysed using Nest-PCR method, the result indicate that this method can be used to detect the presence of BFDV. The positive rate of the 16 samples were 71.4% (10/14), which is higher than the sensitivity of previous report.

Keyword: Psittacine, beak and feather disease, virus, PCR

1 引言

鹦鹉喙羽症（Psittacine Beak and Feather Disease，PBFD）于20世纪70年代在澳大利亚的凤头鹦鹉上首次发现[1]，是临床中幼年鹦鹉的常见病毒性疾病。这一病毒能够感染包括牡丹鹦鹉、虎皮鹦鹉、玄凤鹦鹉、非洲灰鹦鹉、折衷鹦鹉、吸蜜鹦鹉、亚马逊鹦鹉、凤头鹦鹉、锥尾鹦鹉及金刚鹦鹉等60多种鹦鹉[2,3]。其中临床中非洲灰鹦鹉的感染病例很多，这可能与近年来非洲灰鹦鹉成为广受欢迎的宠物鸟而被大量繁殖有关。PBFD的病原是喙羽症病毒（BFDV）[4]，属于圆环病毒科[5]，是一种非

通讯作者
唐国梁　iamwhatami@139.com，北京荣安动物医院。
Corresponding author: Guoliang Tang, iamwhatami@139.com, Beijing Long An Animal Hospital.

常小的单链环状DNA病毒，病毒颗粒直径为14~17nm[6]。

这种病毒的传播途径十分广泛，病毒在感染鸟类数月后即可通过羽粉和粪便向环境释放病毒。鸟类可能通过呼吸摄入或吃下带毒羽粉或新鲜/干燥的粪便污染的水或食物而感染[1,7,8]。由于这种病毒抗杀灭能力强，可以很容易的通过沾染在人的衣物上，鸟类用具、运输箱、笼子等物品传播给其他个体。雌鸟还可以通过蛋将病毒传播给后代[9]。该病毒的主要攻击目标是分裂活跃的细胞，因此其主要影响的是免疫器官、皮肤和羽毛。这会导致免疫抑制以及喙和羽毛的异常生长。针对羽毛的影响是其导致上皮细胞发生凋亡或异常增生[10]，产生羽毛的异常脱落或生长[11,12]。异常的情况包括：长期保留不打开的羽鞘；羽毛内的血液无法重新吸收；羽毛呈现短棒状、卷曲、畸形或带有大量恶斑[1,4,13,14]。喙部的异常因物种而差异，并不是所有的个体都会表现出喙部异常[6]。同时，该病毒对免疫系统产生抑制。临床上绝大部分PBFD病例并不是由于病毒直接导致动物死亡，而是由于免疫功能抑制引起的继发感染导致动物死亡[6,15]。

PBFD有三种不同的表型，不同表型的出现在很大程度上取决于被感染时鸟的年龄[16]。许多患有PBFD的幼鸟常表现出营养不良，这也会影响病程。特急型大多在刚孵化出的雏鸟中表现。主要表现为白细胞减少、贫血、全血细胞减少、肝坏死等异常[17]。大多数的鸟类在没有表现出任何临床症状迹象时就可能突然死亡[6,18,19]。急性型主要表现在1岁以内的亚成鸟。患鸟常表现出精神沉郁、厌食、虚弱和腹泻。免疫抑制导致的常见并发症可能包括肺炎及肠炎[1,12]。羽毛可能会受到影响，通常表现为羽粉减少，羽毛畸形脱落或羽色变化。慢性型主要表现在成年个体，常表现为羽毛缺失和畸形，经常随着换羽的发生而进一步恶化[20]。免疫抑制也会引起继发感染等并发症[1]。随着疾病的发展，喙和指甲

可能变得非常脆弱。总的来说感染PBFD的个体死亡率非常高。能够给予的治疗很大程度上是支持性治疗，以帮助患鸟增强机体免疫力来抵抗病毒和继发感染。

2 试验材料与方法

2.1 取样

根据患鸟状况及主人的要求，采用人工保定或吸入麻醉后进行采血，选择贵要静脉（basilic vein翻译成贵要静脉/尺侧静脉都可以，笔者之前用贵要静脉的翻译比较多）或右侧颈静脉进行采血。抽取0.1ml左右的静脉血，迅速放置在装有EDTA抗凝剂的1.5ml离心管内，−20℃保存。

2.2 DNA纯化

采用美基生物公司的DNA抽提试剂盒。鸟类血液样本$10\mu l$+$190\mu l$ PBS混匀后，加入$20\mu l$蛋白酶K混匀，加入$200\mu l$缓冲液DL，颠倒混匀3~5次，以最高速涡旋混匀30s。65℃水浴30min，其间偶尔涡旋2~3次。加入$200\mu l$无水乙醇，涡旋30s。将DNA纯化柱放置在2ml收集管内，全部液体加入柱内，$10\ 000\times g$离心1min。弃去收集管内液体，柱内加入$500\mu l$缓冲液GW1，$10\ 000\times g$离心1min。弃去滤出液，柱内加入$650\mu l$缓冲液GW2，$10\ 000\times g$离心1min。弃去滤出液，柱内再次加入$650\mu l$缓冲液GW2，$10\ 000\times g$离心1min。弃去滤出液，$10\ 000\times g$离心2min。柱内加入$40\mu l$预热至70℃的灭菌水，放置3min，$10\ 000\times g$离心1min。采用赛默飞世尔科技公司的ND2000超微量分光光度计检测纯化DNA的浓度及纯度。

2.3 巢式PCR检测PBFD病毒

第一轮PCR采用Ypelaar法[21]，正向引物为PBFD 2（5'-AAC CCT ACA GAC GGCGAG-3'）反向引物为PBFD 4 G（5'-GGT CAC AGTCCT CCT TGT ACC-3'）扩增产物为病毒基因组V1上的一个718 bp的片段。采用ABI公司的VeritiPCR仪进行扩增反应。反应体系为$20\mu l$，引物各12.5 mmol/L，100ng模板DNA，$10\mu l$康润

生物2×*Taq* PCR反应预混液,用灭菌水补齐至20μl。反应条件为94℃ 4min预变性;94℃ 30s,58℃ 30s,72℃ 60s进行41个循环;紧接着55℃ 30s,72℃ 60s进行4个循环。第二轮PCR的正向引物为PBFD251 (5'-ACT TAC CCT GGG CAT TGT GGC G-3'),反向引物为PBFD609 (5'-GGC GGA GCA TCT CGC AATAAG G-3')扩增的产物为一个359 bp大小的片段。反应体系为20μl,引物各12.5 mmol/L,第一轮产物0.3μl,10μl康润生物2×*Taq* PCR反应预混液,用灭菌水补齐至20μl。反应条件为94℃ 2min预变性;94℃ 30s,67℃ 20s,72℃ 30s进行31个循环;紧接着62℃ 30s,72℃ 60s进行3个循环。

2.4 产物的鉴定

采用2%琼脂在8V/cm的参数下进行30min电泳,使用北京华恒泰生物科技有限公司生产的DuRed核酸凝胶染色无毒染料在紫外光下显影。标记物为康润生物生产的100bp DNA电泳梯度标准品。将第二轮产物切胶回收,采用北京全式金生物技术有限公司的快速凝胶提取试剂盒回收,回收后产物送睿博兴科生物技术有限公司进行测序。

3 试验结果

本研究共采集鹦鹉目鸟类血液样本39份,来源于18种共39个个体,其中紫兰金刚鹦鹉1只,黄蓝金刚鹦鹉3只,折衷鹦鹉1只,塞内加尔鹦鹉2只,肉桂色小太阳鹦鹉1只,鲑色凤头鹦鹉3只,葵花凤头鹦鹉2只,亚历山大鹦鹉1只,非洲灰鹦鹉16只(表1)。其中编号2、9、17、19、20、21和22号个体为刚购买宠物鸟的健康体检病例。通过临床检测和问询,每个个体表现的详细临床症状见表1,可见不同的病例存在多种多样的临床表现。其中35.90%(14/39)的病例存在呼吸系统症状,主要表现为呼吸窘迫;20.51%(8/39)的病例存在消化系统症状;28.21%(11/39)的病例存在羽毛异常;所有病例未见喙爪异常。其中12.82%(5/39)同时具有2项症状。现今已知死亡率为12.82%(5/39)。

表1 病例临床症状

编号	品种	年龄	呼吸系统症状	消化系统症状	羽毛异常	喙爪异常	死亡	无相关症状
1	折衷鹦鹉	2岁	−	+(呕吐,嗉囊迟缓)	−	−	−	−
2	肉桂色小太阳锥尾鹦鹉	4月龄	−	−	−	−	−	+
3	塞内加尔鹦鹉	20日龄	+(呼吸窘迫)	+(剖检肝脏出血点)	−	−	+(就诊前突然死亡)	−
4	塞内加尔鹦鹉	20日龄	+(呼吸窘迫)	+(剖检肝脏出血点)	−	−	+(就诊前突然死亡)	−
5	紫蓝金刚鹦鹉	3岁	+(呼吸窘迫)	−	−	−	+(就诊第二天死亡)	−
6	鲑色凤头鹦鹉	1岁	−	−	+(羽毛生长异常)	−	−	−
7	鲑色凤头鹦鹉	6月龄	+(鼻窦炎)	−	−	−	−	−
8	鲑色凤头鹦鹉		−	+(腹泻,肠炎)	−	−	−	−
9	葵花凤头鹦鹉	6月龄	−	−	+(异常掉羽)	−	−	−
10	葵花凤头鹦鹉	3岁	−	−	+(啄羽)	−	−	−
11	亚历山大鹦鹉	1.25岁	+(呼吸窘迫)	−	−	−	−	−

续表

编号	品种	年龄	呼吸系统症状	消化系统症状	羽毛异常	喙爪异常	死亡	无相关症状
12	非洲灰鹦鹉	3月龄	+（呼吸窘迫）	-	-	-	+（就诊第二天死亡）	-
13	非洲灰鹦鹉	3月龄	-	-	+（大量血羽脱落）	-	-	-
14	非洲灰鹦鹉	4月龄	-	-	+（多根羽毛脱落）	-	-	-
15	非洲灰鹦鹉	4月龄	+（呼吸窘迫，剖检右肺霉菌病）	-	+（多根羽毛脱落）	-	+（就诊前突然死亡）	-
16	非洲灰鹦鹉	3月龄	-	-	+（一根血羽脱落）	-	-	-
17	非洲灰鹦鹉	4月龄	-	-	-	-	-	+
18	非洲灰鹦鹉	3月龄	-	-	+（羽毛异常脱落）	-	-	-
19	非洲灰鹦鹉	4月龄	-	-	-	-	-	+
20	非洲灰鹦鹉	3月龄	-	-	-	-	-	+
21	非洲灰鹦鹉	4月龄	-	-	-	-	-	+
22	非洲灰鹦鹉	8月龄	-	-	-	-	-	+
23	非洲灰鹦鹉	8月龄	-	+（肝脏肿大，生化值高）	-	-	-	-
24	非洲灰鹦鹉	8月龄	+（上呼吸道感染，眼分泌物多）	-	-	-	-	-
25	非洲灰鹦鹉	4月龄	+（鼻窦炎）	-	-	-	-	-
26	非洲灰鹦鹉	6月龄	-	-	+（啄羽，咬伤皮肤）	-	-	-
27	非洲灰鹦鹉	5月龄	+（呼吸窘迫，X光肺炎）	+（嗉囊迟缓）	-	-	-	-
28	蓝黄金刚	3岁	+（呼吸窘迫，眼睛分泌物）	-	-	-	-	-
29	蓝黄金刚	2月龄	-	-	-	-	-	+
30	蓝黄金刚	8月龄	-	-	-	-	-	+
31	凤梨小太阳锥尾鹦鹉	7月龄	-	-	-	-	-	+
32	黄头亚马逊鹦鹉	8月龄	+（上呼吸道感染，眼分泌物多）	-	-	-	-	-
33	蓝眼凤头鹦鹉	4月龄	-	+（肝脏肿大，生化值高）	+（大量羽毛脱落）	-	-	-
34	玄凤鹦鹉	2岁	-	-	-	-	-	+
35	迷你金刚鹦鹉	3岁	+（呼吸窘迫）	-	-	-	-	-
36	牡丹鹦鹉	2岁	-	-	+（胸部羽毛脱落）	-	-	-
37	和尚鹦鹉	3岁	-	-	-	-	-	-
38	蓝顶亚马逊鹦鹉	4月龄	+（鼻窦炎）	-	-	-	-	-
39	金头凯克鹦鹉	4月龄	-	+（便颜色偏绿）	-	-	-	-

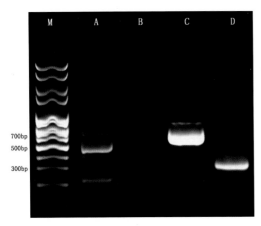

图1 巢式PCR反应后电泳图，M为100bpDNA电泳梯度标准品，A为阴性样品巢式PCR第一轮产物，B为阴性样品巢式PCR第二轮产物，C为阳性样品巢式PCR第一轮产物，D为阳性样品巢式PCR第二轮产物

由于PBFD临床症状存在多样化，传统诊断方式无法确证。所以本研究引入了BFDV分子临床诊断方法，通过两轮巢式PCR对病例血液提取DNA样品进行扩增，代表性样本（2号和15号）两轮PCR的产物都进行琼脂电泳后的

结果见图1。A和B泳道为2样本扩增产物，可见该病例为病毒阴性。A泳道为阴性样本的第一轮PCR产物，可见少量的非特异性扩增条带，B为阴性样本的第二轮PCR产物，无359bp阳性条带。C和D泳道为15样本扩增产物，可见该病例为病毒阳性。C为阳性样本的第一轮PCR产物，可见清晰的718bp产物条带，D为阳性样本的第二轮PCR产物，可见清晰的359bp产物条带。

经过对阳性样品第二轮PCR产物回收后进行测序，测序结果在NCBI网站经过BLAST进行DNA序列比对，扩增产物序列与BFDV基因序列一致比对结果见图2。可以完全确定检测方法正确，检测阳性结果是准确可信的。

经过对全部16个样本进行DNA提取纯化并进行BFDV巢式PCR检测后，所有样品的检测结果与是否存在临床症状的对比见表2，总体检测BFDV的阳性率为68.75%（11/16）。存在临床症状的病例中PBFD阳性比例为71.43%（10/14）。没有临床症状的病例中PBFD阳性比例为50%（1/2）。

Beak and feather disease virus isolate PT09, complete genome
Sequence ID: gb|GQ329705.1| Length: 2000 Number of Matches: 1

Range 1: 466 to 776 GenBank Graphics   ▼ Next Match ▲ Pre

Score	Expect	Identities	Gaps	Strand
542 bits(293)	2e-150	305/311(98%)	0/311(0%)	Plus/Plus

```
Query  1    CGGAGCTGTTGCTGCCGTGATGTCCGGACGCAAAATGAAGGAAGTCGCGCGAGAGTTCCC    60
            ||||||||||||||||||||||||||||||||||||||||||||||||||||||||||||
Sbjct  466  CGGAGCTGTTGCTGCCGTGATGTCCGGACGCAAAATGAAGGAAGTCGCGCGAGAGTTCCC    525

Query  61   AGATATCTACGTCAGGCATGGGCGGGGCTTGCATAACCTCTCGCTATTGGTTGGTTCCCG    120
            ||||||||||||||||||||||||||||||||||||||||||||||||||||||||||||
Sbjct  526  AGATATCTACGTCAGGCATGGGCGGGGCTTGCATAACCTCTCGCTATTGGTTGGTTCCCG    585

Query  121  CCCACGTGATTTCAAGACTGAGGTTGACGTCTTCTACGGACCACCGGGGTGTGGCAAAAG    180
            ||||||||||||||||||||||||||||||||| ||||||||||||||||||||||||||
Sbjct  586  CCCACGTGATTTCAAGACTGAGGTTGACGTCATCTACGGACCACCGGGGTGTGGCAAAAG    645

Query  181  TAGATGGGCCAATGAGCAGCCTGGGACTAAATATTATAAAATGCGCGGTGAATGGTGGGA    240
            ||||||||| ||||||||||||||||||||||||||||||||||||||||||||||||||
Sbjct  646  TAGATGGGCAATGAGCAGCCTGGGACTAAATATTATAAAATGCGCGGTGAATGGTGGGA    705

Query  241  TGGATATGATGGTTAGGAAGTCGTCGTATTGGACGACTTTTATGGGTGGATACCTTATTG    300
            ||||||||||||||| ||||||||||||||||||||||||||||||||| |||||||||
Sbjct  706  TGGATATGATGGTGAGGAAGTCGTCGTATTGGACGACTTTTATGGGTGGCTACCTTATTG    765

Query  301  CCCGACGCTCC    311
            | | || |||
Sbjct  766  CGAGATGCTCC    776
```

图2 阳性样本测序比对结果（BFDV病毒测序结果：PT09基因序列）

表2 分子生物学检测结果

编号	品种	是否存在临床症状	BFDV检测结果
1	折衷鹦鹉	+	−
2	肉桂色小太阳锥尾鹦鹉	−	−
3	塞内加尔鹦鹉	+	+
4	塞内加尔鹦鹉	+	+
5	紫蓝金刚鹦鹉	+	−
6	鲑色凤头鹦鹉	+	+
7	鲑色凤头鹦鹉	−	−
8	鲑色凤头鹦鹉	−	+
9	葵花凤头鹦鹉	+	+
10	葵花凤头鹦鹉	+	+
11	亚历山大鹦鹉	+	+
12	非洲灰鹦鹉	+	+
13	非洲灰鹦鹉	+	+
14	非洲灰鹦鹉	+	−
15	非洲灰鹦鹉	+	+
16	非洲灰鹦鹉	+	−
17	非洲灰鹦鹉	−	+
18	非洲灰鹦鹉	+	−
19	非洲灰鹦鹉	−	+
20	非洲灰鹦鹉	−	+
21	非洲灰鹦鹉	−	+
22	非洲灰鹦鹉	−	−
23	非洲灰鹦鹉	+	+
24	非洲灰鹦鹉	+	−
25	非洲灰鹦鹉	+	+
26	非洲灰鹦鹉	+	−
27	非洲灰鹦鹉	+	+
28	蓝黄金刚	+	+
29	蓝黄金刚	−	+
30	蓝黄金刚	−	+
31	凤梨小太阳锥尾鹦鹉	−	−
32	黄头亚马逊鹦鹉	+	−
33	蓝眼凤头鹦鹉	+	+
34	玄凤鹦鹉	−	−

续表

编号	品种	是否存在临床症状	BFDV检测结果
35	迷你金刚鹦鹉	+	−
36	牡丹鹦鹉	+	+
37	和尚鹦鹉	−	−
38	蓝顶亚马逊鹦鹉	+	−
39	金头凯克鹦鹉	+	−

注："−"代表阴性，"+"代表阳性。

4 讨论

由于PBFD在临床上存在多种多样的症状和表现，不存在特异性的临床症状辅助临床医生进行诊断，可能会存在怀疑PBFD病例症状的个体，BFDV检测为阴性，也可能存在不表现临床症状的个体BFDV检测为阳性。因此，采用适当的分子生物学检测技术准确的检测PBFD阳性病例，对临床病例的确诊有着重要的意义及必要性。本试验只需微量的血液，通过巢式PCR的方法即可准确、高效、灵敏的检测确诊临床PBFD阳性病例。对于3、4号样本出现的雏鸟突然死亡情况，检测出BFDV阳性也与PBFD特急性表型相符，及时准确地获得诊断结果也能帮助繁育者做好环境消毒、种群隔离及净化工作。

本试验选取检测的数个病例有其他检测机构之前检测的双病毒检测阴性结果，但所有之前病例送检样本都选用的是拔掉的带有毛囊的羽毛样本。造成这些检测结果为假阴性的原因可能为羽毛样本能提取纯化的DNA浓度偏低及病毒可能在毛囊样本中的滴度偏低有关。这一结论也与Tomasek等2008年得出的试验结果相类似[22]，提示在条件允许的前提下应尽量选用血液样本作为分子诊断送检标本。

本试验结果的BFDV的总体阳性率及有临床症状的阳性率为56.41%（22/39）、57.69%（15/26），都高于之前我国台湾的检测结果41.2% (68/165)、44.3% (62/140)[23]。同时也高出其他国家的总体检出率（日本31.3％、德国39.2％）[24]。这一结果可能与以下三个因素有关：①本试验的整体样本数量较少；②所有个体都为动物主人带来医院检查病例，虽然有少部分属于健康体检，但大多数都存在不同程度的临床症状；③可能提示中国大陆的宠物鸟带毒率偏高。综上所述，建议中国大陆的鸟类繁育、贸易及饲养需要做好严格的种群净化及疫病防控工作。

参考文献

[1] Pass, D. A. and Perry, R. A. 1984. The pathology of psittacine beak and feather disease. Aust. Vet. 61: 69-74.

[2] Khalesi, B., Bonne, N., Stewart, M., Sharp, M. and Raidal, S. R. 2005. A comparison of haemagglutination, haemagglutination inhibition and PCR for the detection of psittacine beak and feather disease virus infection and a comparison of isolates obtained from loriids. J. Gen. Virol.

86: 3039-3046.

[3] Todd, D. 2004. Avian circovirus diseases: lessons for the study of PMWS. Vet. Microbiol. 98: 169-174.

[4] McOrist, S, Black, DG, Pass, DA, Scott, PC and Marshall, J (1984). Beak and feather dystrophy in wild sulphur-crested cockatoos (Cacatuagalerita). JWildl Dis. 20(2): 120-124.

[5] Bassami MR, Berryman D, Wilcox GE et al.

1998. Psittacine beak and feather disease virus nucleotide sequence analysis and its relationship to porcine circovirus, plant circoviruses, and chicken anaemia virus. Virology.249:453-459.

[6]　Ritchie, B. W., Niagro, F. D.,Lukert, P. D., Steffens, W. D. 3rd. and Latimer, K. S. 1989. Characterization of a new virus from cockatoos with psittacine beak and feather disease. Virology.171: 83-88.

[7]　Ritchie, BW, Niagro, FD, Latimer, KS, Steffens, WL, Pesti, D, Ancona, J and Lukert, PD 1991. Routes and prevalence of shedding of psittacine beak and feather disease virus. Am J Vet Res. 52(11): 1804-1809.

[8]　Raidal, SR and Cross, GM 1995. Acute Necrotizing Hepatitis Caused by Experimental Infection with Psittacine Beak and Feather Disease Virus. Journal of Avian Medicine and Surgery. 9: 36-40.

[9]　Gerlach, H 1994. Circoviridae - Psittacine Beak and Feather Disease Virus. Avian Medicine: Principles and Application. Ritchie, BW, Harrison, GJ and Harrison, LR. Lake Worth, Florida, Wingers Publishing. 894-903.

[10]　Latimer, KS, Rakich, PM, Steffens, WL, Kircher, IM, Ritchie, BW, Niagro, FD and Lukert, PD 1991. A novel DNA virus associated with feather inclusions in psittacine beak and feather disease. Vet Pathol. 28(4): 300-304.

[11]　Bert, E., Tomassone, L., Peccati, C., Navarrete, M. G. and Sola, S. C. 2005. Detection of beak and feather disease virus (BFDV) and avian polyomavirus (APV) DNA in psittacine birds in Italy. J. Vet. Med. B. Infect. Dis. Vet. Public Health. 52: 64-68.

[12]　Trinkaus, K., Wenisch, S., Leiser, R., Gravendyck, M. and Kaleta, E. F. 1998. Psittacine beak and feather disease infected cells show a pattern of apoptosis in psittacine skin. Avian Pathol. 27: 555-561.

[13]　Jacobson, ER, Clubb, S, Simpson, C, Walsh, M, Lothrop, CD, Jr., Gaskin, J, Bauer, J, Hines, S, Kollias, GV, Poulos, P and et al. 1986. Feather and beak dystrophy and necrosis in cockatoos: clinicopathologic evaluations. J Am Vet Med Assoc. 189(9): 999-1005.

[14]　Jergens, AE, Brown, TP and England, TL 1988. Psittacine beak and feather disease syndrome in a cockatoo. J Am Vet Med Assoc. 193(10): 1292-1294.

[15]　Latimer, KS, Rakich, PM, Kircher, IM, Ritchie, BW, Niagro, FD, Steffens, WL, 3rd and Lukert, PD 1990. Extracutaneous viral inclusions in psittacine beak and feather disease. J Vet Diagn Invest. 2(3): 204-207.

[16]　Hiroshi, K., Hirohito, O., Kenji, O., and Hideto, F. 2010.A Review of DNA Viral Infections in Psittacine Birds. J. Vet. Med. Sci. 72(9): 1099-1106.

[17]　Schoemaker, NJ, Dorrestein, GM, Latimer, KS, Lumeij, JT, Kik, MJ, van der Hage, MH and Campagnoli, RP 2000. Severe leukopenia and liver necrosis in young African grey parrots (Psittacuserithacuserithacus) infected with psittacinecircovirus. Avian Dis. 44(2): 470-478.

[18]　Raidal, SR 1994. Studies on Psittacine Beak and Feather Disease. Sydney, University of Sydney.

[19]　Doneley, RJ 2003. Acute beak and feather disease in juvenile African Grey parrots – an uncommon presentation of a common disease. Aust Vet J. 81(4): 206-207.

[20]　Wylie, SL 1991. Studies on Psittacine Beak and Feather Disease.School of Veterinary Studies. Perth, Murdoch University.

[21]　Ypelaar, I., Bassami, M.R., Wilcox, G.E. &Raidal, S.R. 1999. Auniversal polymerase chain reaction for the detection of psittacinebeak and feather disease virus.Veterinary Microbiology. 68:141-148.

[22]　Tomasek, O. Kubicek, O. and Viktor Tukac V. 2008. Comparison of three template preparation methods for routine detection of beak and feather disease virus and avian polyomavirus with single and nested polymerase chain reaction in clinical specimens, Avian Pathology. 37(2): 145-149.

[23]　Chih-Ming Hsu, Ching-Yi Ko, Hsiang-Jung Tsai. 2006. Detection and Sequence Analysis of Avian Polyomavirus and Psittacine Beak and Feather Disease Virus from Psittacine Birds in Taiwan, AVIAN DISEASES. 50:348-353.

[24]　Deborah J. Rowan O. Jim J. 2016. Beak and feather disease virus in wild and captive parrots:an analysis of geographic and taxonomic distributionand methodological trends. Arch Virol. 161(8):2059-2074.

影像学检查结果及分析

在腹前部有一独立的团块，位于第二到第五腰椎之间，两种体位都能看到并且看起来像个胎儿（图2）。团块在侧位片中呈圆形，在腹背位片中呈椭圆形。两种体位的X线片中都能看到团块中清晰的矿化的颅骨和长骨以及明显的骨溶解区域，胎儿的骨骼溶解。在侧位片中，脊椎屈曲严重。从尾背部看，颅骨局部连续性中断，伴随着骨折。胎儿被一层薄的软组织包围着（厚度约4mm）。

影像学显示患犬不具有子宫体或子宫角。侧位可见明显的乳头增大。胃肠道、泌尿道、肝脏及脾脏的影像学检查未见明显异常。胸片未见明显异常。

为进一步确定胎儿位置及排除残余子宫或卵巢的存在，对其进行了腹部超声检查。在腹膜腔内腹中线略偏左处发现了完整钙化的胎儿（图3）。胎儿呈现过度屈曲的异常姿势。彩色多普勒超声检查未发现胎儿的心跳或血液流动。未发现羊水、腹膜炎或腹腔积液。子宫残端呈低回声管状，管壁厚度4~5mm。超声检查未发现子宫角和卵巢。

X线及超声检查结果与宫外孕相符，它会导致胎儿在妊娠晚期死亡。

治疗和预后

进行开腹探查术。发现一完整的胎儿附着在肠系膜上，将其小心分离下来。子宫残端和肠系膜之间有一小处粘连，然而，这与胎儿无关。未发现完整或残余的子宫或卵巢。子宫残端形态正常。未发现腹膜炎的迹象，所有其他腹腔脏器都正常。术后2周，犬精神状态良好，不再呕吐。胎儿的存在与呕吐这一临床症状之间是否有关也是未知。

胎儿的组织学检查确定其孕龄为45~50d。胎儿的内脏和四肢关节自溶。所有的研究表明胎儿为宫外孕并出现在子宫卵巢摘除术时。

讨论

本病例中的犬，根据X线检查中胎儿肱骨和股骨的钙化程度判断，胎儿的胎龄在1月至46日龄之间。宫外孕指的是在子宫外发现胚胎或胎儿。在犬中宫外孕很罕见，一旦发现，其最常见的发生部位是在腹膜腔。犬宫外孕最常见的原因是由于感染、创伤或用力分娩导致的子宫壁破裂坏死。宫外孕的犬通常无临床症状，偶然发现居多。手术治疗宫外孕，犬预后良好。猫中也会发生宫外孕，通常继发于创伤性子宫破裂，胎儿在诊断时通常木乃伊化。

本病例中犬的手术中未发现犬腹膜炎症状，子宫和卵巢也不存在。不幸的是，未能得到犬药物史或手术史，因此在进行子宫卵巢摘除术时子宫的整体状态是未知的。可能在进行子宫卵巢摘除术时胎儿就已经在腹膜腔内，或者是在子宫卵巢摘除术术中胎儿被挤入腹膜腔。因此无法确定本病例中犬宫外孕的原因。子宫卵巢摘除术前胎儿是否存活也是未知的。

在人医临床中可得到大量关于宫外孕的信息，它占人怀孕总数的2%。在兽医临床中，也选择腹部超声检查的方法来诊断宫外孕。与犬不同，人宫外孕最常见的部位是输卵管。

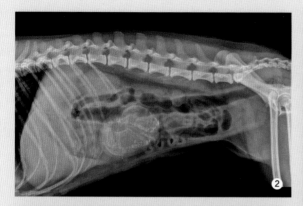

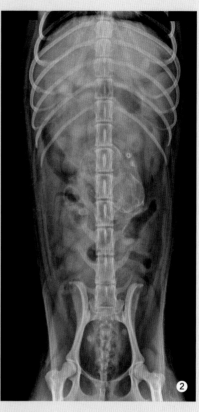

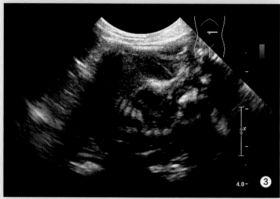

图2 与图1相同的X线片。注意腹部头侧的骨骼钙化的胎儿（白色箭头）。未见到明显子宫影像或腹腔积液征象

图3 图1中犬的腹部超声检查，可见胎儿。注意与胎儿骨骼相一致的回声区域和羊水缺失。右侧刻度单位为cm

原文作者：Heather K. Dean和Elyshia J. Hankin

选自美国兽医协会会刊，2016（248）

译者：王然*　审稿：钟友刚　中国农业大学

人宫外孕的诱因包括：妇科手术、使用子宫内节育器、先天性或获得性子宫畸形等。兽医中宫外孕相关信息的缺乏意味着犬宫外孕的诱因难以确定。

（参考文献略，需者可函索）

译者简介
王然　中国农业大学，邮箱540495107@qq.com。

犬猫慢性肾病
Chronic kidney disease in dogs and cats

译者：秦毓敏*
原文作者：Joseph W. Bartges
选自：北美兽医临床，2012（42）

关键词：慢性肾病，老年，营养，治疗，国际肾脏兴趣协会

关键点：

- 慢性肾病常见发生于犬猫。
- 慢性肾病是渐进发展的；然而，改善饮食和利用药物进行管理可以提高生活和生存质量。
- 犬猫慢性肾病的治疗是针对过度和不足的发生使其最小化。
- 具体来说，其治疗是针对提供营养支持，治疗低钾血症和代谢性酸中毒，降低蛋白尿的程度，保持水分，减少废物如含氮化合物的残留，避免其他肾损害，改善贫血、最小化肾继发性甲状旁腺功能亢进和血磷酸盐过多，如果出现全身性动脉高血压则需降血压治疗。
- 由于疾病渐进性的性质，连续监测犬猫慢性肾病至关重要。

1 前言

慢性肾脏疾病（Chronic kidney disease，CKD）通常发生在老年犬猫且是老年患病动物最常见的肾脏疾病。CKD指一侧或双侧肾脏的结构和/或功能障碍持续存在超过3个月。大多数患CKD的动物其肾功能和结构丧失；然而，功能障碍的程度并不总是反应结构的缺失。CKD意味着肾脏功能和/或结构的不可逆损失，这些功能结构虽然可以稳定存在一段时间但最终是渐进性发展。在一些患病动物中，CKD可能并发肾前性或肾后性疾病而使状况恶化，但如果进行治疗，状况会得到改善。

尽管CKD发生在所有年龄段，但被认为是老年性疾病。在整体犬猫中CKD的发病率大概是0.5%～1.5%。在明尼苏达大学兽医诊疗中心，超过15岁的犬猫诊断为慢性肾病的病例分别超过10%和30%。一个回顾性研究报道在9个月至22岁患CKD的猫中，53%超过7岁。一个对1980—1990年提交到普渡大学兽医诊疗中心的病例数据进行患肾脏疾病猫年龄分布的研究分析显示，诊断为"肾衰竭"的猫中，年龄低于10岁的占37%，10～15岁之

译者简介
秦毓敏 女，中国农业大学，Yumin_qin0507@163.com。

间占31%，超过15岁占32%。同样，在1988年研究猫CKD的报道中，患病年龄从1～26岁，平均年龄为12.6岁。本研究45个对照猫中平均年龄为10岁。在1990年，据报道，在所有年龄段中每1 000只猫中有16例是肾脏疾病，年龄超过10岁的每1 000只猫中有77例，超过15岁的每1 000只猫中有153例。缅因库恩、阿比西尼亚、暹罗、俄罗斯蓝猫和缅甸猫等品种的猫都曾不成比例被报道过可患CKD。

肾脏参与整个身体体内平衡，因此CKD影响许多器官系统，与许多代谢紊乱相关联，进而影响到动物的健康。除了细胞和蛋白结合化合物外，体液在鲍曼空间经过肾小球过滤形成尿液；少量的白蛋白被滤过。近端小管重吸收大部分滤液同时额外分泌或重吸收阴离子和阳离子化合物。经肾循环浓缩然后通过选择性重吸收滤液中的水和钠稀释滤液。远端肾曲小管和集合管调节尿液中的溶质和水分含量。除了这些作用，肾脏密切参与酸碱的代谢调节，具有内分泌功能（如红细胞生成素和维生素D），且在血压调节中发挥作用（如产生肾素和肾上腺分泌醛固酮）。因此，当肾功能下降时这些正常的作用受到破坏，导致应该被排泄的化合物潴留（如磷和肌酸酐）且应该保留的化合物丢失（如水和蛋白质）。

2 CKD的临床、生化和影像学表现

化合物的保留或损失引起CKD的临床表现。很多（但并非全部）患病动物都表现出慢性病的临床特征，如体况恶化、体重下降、肌肉萎缩、被毛蓬乱等。由于肾脏无法调节水平衡而出现多尿和烦渴。可能出现食欲不振/厌食、呕吐、口臭和溃疡性口腔炎和肠胃炎（图1）。患有CKD的动物，经常可触诊到小而不规则的肾脏，并可通过腹部X线片和超声检查证实。肾肿大偶尔可发生于有肾肿瘤，肾盂肾炎或输尿管梗阻时并发慢性肾病的情况。生化检查可存在氮质血症与不恰当尿液稀释（犬尿相对密度＜1.030，猫尿相

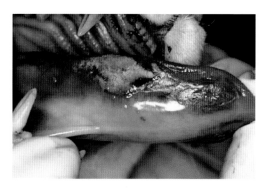

图1 尿毒症性口炎，舌炎，患慢性肾炎的20岁绝育短毛猫

对密度＜1.035），代谢性酸中毒和高磷血症。此外，一些患病动物可能有低钾血症（猫比犬更常见）、非再生性贫血、低白蛋白血症、血脂异常和细菌性尿路感染。40%～80%的患病动物发生全身性动脉高血压。也可能出现蛋白尿，此时多为预后不良，与无蛋白尿的CKD患病动物相比病程发展更快。

3 CKD的治疗

CKD治疗主要在于纠正失衡和减缓疾病发展；且由于CKD不可逆需要终身治疗。此外，治疗在于改善CKD的临床症状，纠正或控制可能会影响CKD患病动物的非肾疾病。基于CKD由于过度或不足所致，我们归纳了一个首字母缩写词来帮助治疗CKD：NEPHRONS.

N 营养（nutrition）

E 电解质（electrolytes）

P 血液pH（酸碱度）；蛋白尿［pH of blood (acid-base status); proteinuria］

H 水合作用（hydration）

R 代谢废物潴留（retention of wastes）

O 其他肾损害–避免（other renal insults-avoid）

N 神经内分泌功能–甲状旁腺功能亢进，非再生性贫血，高血压（neuroendocrine function-hyperparathyroidism, hypoproliferative anemia, and hypertension）

S 连续性检测-CKD是不可逆的，渐进的（serial monitoring -CKD is irreversible and progressive）

3.1 治疗要点

肾脏通过对化合物的过滤、重吸收、分泌和新陈代谢来参与调节体内平衡。CKD的保守治疗包括支持和对症疗法，旨在纠正体内发生的过度和不足（NEPHRONS）。国际肾功能不全学会制定了用于犬猫CKD的管理指导方针（http://www.IRISkidney.com）。这个分期系统是专用于犬猫CKD（表1）。

首先，需要对CKD作出诊断，然后通过几个评估方法对其进行分期：①患病动物水合状况良好时的2次血清肌酐浓度；②2或3次尿液蛋白质-尿肌酐比率（UPCs）；③2~3个间接动脉血压测定值。CKD是由肾功能不全量级来分期，并通过是否出现蛋白尿和/或高血压来进一步分期。蛋白尿仅指肾性蛋白尿而非肾前（如血球蛋白过多）或肾后性（如尿路感染、血尿等）并基于UPC。非镇静和平静的患病动物血压的获得应该将其置于安静的环境并使其适应，随后多次测量取得一个平均值。

3.2 N 营养

对于任何患慢性疾病动物而言，营养支持的主要目的是维护肌肉质量和最佳的身体状态，对患CKD的动物而言更是如此。需要进行全面的临床检查，并分别进行体况评分（BCS）和肌肉状况评分（MCS）。BCS分别有5分和9分两种系统；均可使用。指定BCS（表2）比单独评估体重和体脂含量可提供更

表1 国际肾病兴趣群（IRIS）分期系统基于血清或血浆肌酐浓度的CKD分期

血浆肌酐浓度，μmol/L, mg/d

分期	犬	猫	注释
1	< 125	< 140	非氮质血症
	< 1.4	< 1.6	其他一些肾功能异常出现如浓缩能力不足，无可识别非肾性原因；肾触诊异常和/或肾脏影像学表现异常；肾源性蛋白尿；肾活检结果异常
2	125~179	140~249	轻度氮质血症（许多化验室可能有更低的参考范围，但肌酐作为一
	1.4~2.0	1.6~2.8	个不灵敏的筛选试验意味着动物的肌酐浓度接近于参考浓度的上限值则提示存在排泄障碍）通常无或有轻微的临床症状
3	180~439	250~439	中度氮质血症
	2.1~5.0	2.9~5.0	可能出现许多全身性临床症状
4	> 440	> 440	严重氮质血症
	> 5.0	> 5.0	出现许多肾外的临床症状

根据 UPC 检查是否存在蛋白尿而进一步分期

UPC Value

犬	猫	进一步分期
<0.2	<0.2	无蛋白尿
0.2~0.5	0.2~0.4	边缘型蛋白尿
>0.5	>0.4	蛋白尿

基于是否存在全身性高血压和发生全身性动脉高血压并发症风险的 CKD 进一步分期

收缩压（mmHg）*	舒张压（mmHg）	适用于某些特定品种的参考范围	进一步分期
<150	<95	<10mmHg 参考范围	AP0：最低风险（N）
150~159	95~99	10~20mmHg 参考范围	AP1：低风险（L）
160~179	100~119	20~40mmHg 参考范围	AP2：适度风险（M）
>180	>120	>40mmHg 参考范围	AP3：高风险（H）

注：由诺华动物卫生公司、瑞士白塞尔国际肾脏兴趣协会（IRIS）赞助、许可。

---

* "mmHg" 为非法定计量单位，1mmHg ＝ 0.133kPa。——译者注

表2 体况评分系统

描述符号	描述	5点	9点
极瘦弱的	没有脂肪覆盖肋骨，很容易触及；骨结构突出且容易识别；肌肉张力和质量减少；几乎没有皮下脂肪；被毛质量差；腹部凹陷明显	1	1
体重不足	肋骨很容易触及，小量脂肪覆盖；腹部出现凹陷；骨结构明显但不突出；被毛质量可能差；肌肉张力和质量可能良好或略有下降	2	3
理想	肋骨容易触及但有脂肪覆盖；腹部呈沙漏形状，有凹陷但不明显；骨结构突出可触及但不可见，有一些皮下脂肪但没有大的积累；肌肉张力和质量好；被毛质量好	3	5
超重	由于覆盖过量脂肪，肋骨难以触及；沙漏的形状不突出且腹部无凹陷；皮下脂肪明显局部有皮下脂肪积聚；肌肉张力和质量好；被毛质量可能会下降；无法识别骨突	4	7
肥胖	由于覆盖脂肪肋骨不可触及；无沙漏状外观，动物可能出现圆形外观；皮下脂肪显而易见且明显积累于颈部、尾巴基部和腹部；肌肉张力和质量下降；被毛质量下降	5	9

多的信息。对于大多数宠物而言BCS目标5分系统的2.5～3分或9分系统的4～5分。

MCS也可以用于肌肉质量和张力的评估。评估肌肉质量包括外观检查和对颞骨、肩胛骨、腰椎、骨盆骨肌肉的触诊。肌肉质量是评估肌肉团块的指标，肌肉的丢失可能对强度、免疫功能、伤口愈合、慢性疾病如CKD的代偿能力都有负面影响。推荐采用0～3的简单MCS系统，0=正常肌肉质量和颜色，1=轻微减少的肌肉质量和颜色，2=中度减少的肌肉质量和颜色，3=显著减少的肌肉质量和颜色。

能量的日需求量可由静息能量需求量（RER）确定，使用以下两个方程中的一个来估计。

指数：$70\,BW_{kg}^{0.75}$

线性：$30（BWkg）+70$

由于能量需求与体重（BW）之间呈抛物线相关而不是线性相关，因此指数方程更准确。当需要估计RER时，结果乘以活动量或生命阶段系数（表3）来估计维持能量需求（MER）。这些方程只给出每日能量需求量，具体的能量摄入量需要根据对能量需求量的估计和连续监测BW、BCS和MCS的结果进行调整。

根据所处的不同CKD阶段，患CKD动物可能出现某种程度上的厌食症。造成厌食和恶心的原因包括尿毒症毒素的滞留、脱水、

表3 在估算RERs后用于估计MERs的活动和生命阶段系数

生命阶段	犬的系数	猫的系数
妊娠期	1.0～3.0	1.6～2.0
犬：前 1/2～2/3	1.0～2.0	
犬：后 1/3	2.0～3.0	
哺乳期	2.0～8.0	1.0～2.0
生长期	2.0～3.0	2.0～5.0
成年未绝育	1.8	1.4
成年绝育	1.6	1.2
高龄	1.4	1.1
工作：轻	2.0	
工作：适度	3.0	
工作：重	4.0～8.0	
有肥胖倾向	1.4	1.0
减肥	1.0	0.8
增重	1.2～1.4 理想	0.8～1.0 理想
重症监护（通常）	1.0	1.0

生化改变（氮血症、代谢性酸中毒、电解质失衡、矿物质失衡），贫血，肾继发性甲状旁腺功能亢进和尿毒性肠胃炎。与人相比，胃溃疡在犬和猫较少发生；然而许多患CKD的犬和猫胃发生的病理变化包括血管变化和水肿，以及由于肾排泄减少引起的胃酸过多和高胃泌素血症。

饲喂适口性好的食物或通过在犬粮中添加水，用调味剂，将食物加热至接近体温来增加饮食的适口性。给予高能食物而非成年维持量有助于在保证能量摄入的前提下减少

食量的摄入，从而减少由于食量过多造成胃胀和恶心。因为脂肪性膳食比蛋白质性和碳水化合物性饮食的能量含量更高，用于CKD患病动物的日粮与成年动物维持粮的脂肪含量更高。可用的粮食中包含12%～30%的粗脂肪（以干物质为基础）。

由于高胃泌素血症和胃酸过多症，慢性肾衰竭引起的恶心和厌食也有可能发生。由于食物中蛋白可刺激胃酸分泌。因此，限制食物中蛋白量可以减少胃酸。对于患CKD犬猫可给予组胺$_2$-受体拮抗剂（法莫替丁：犬和猫，1.1 mg/kg，PO，q 12～24 h；雷尼替丁：犬和猫1～2 mg/kg，PO，q 8～12 h）或其他抗酸药；许多磷酸盐结合剂也可以结合胃酸而作为抗酸药。硫糖铝（犬，0.5～2.0 g，PO，q 6～12 h；猫，0.25～0.5g，PO，q 6～12 h）是含铝化合物，可与酸性环境中暴露于黏膜下的胶原结合，且可能通过前列腺素E_2作为一种细胞保护剂。它是用来治疗活动性胃溃疡，也可以作为抗酸剂和磷酸盐结合剂。马罗皮坦（犬和猫：2～8 mg/kg，PO，q 24 h；然而，使用时间不推荐超过5d）是一种抑制神经激肽-1的止吐药；它用于晕动病（motion sickness），但是对许多其他原因包括尿毒性肠胃炎引起的呕吐有效。米氮平（犬，15～30 mg，PO，q 24 h；猫，1.875～3.75 mg，PO，q 48～72 h）是一种去甲肾上腺素和含血清素的抗抑郁药物，有刺激食欲和止吐的作用。对于CKD猫，可每48 h给药1次。甲氧氯普胺（犬和猫，0.1～0.5 mg/kg，PO，q 6～24 h），一种促肠动力剂，通过多巴胺受体拮抗作用有中枢止吐作用，虽然在人尿毒症它的作用不如5-羟色胺受体拮抗剂，但也可使用。

当患病动物不愿意或不能进食，也可以通过饲管提供营养，包括鼻饲管、食管造口术和胃造口术插管喂食。一个有56只患肾衰竭犬参与的研究中，利用胃造口饲管进行管理；10只使用低管，46只使用标准蘑菇尖管。胃造口饲管使用了（56±6）d（范围，1～483d）。8只犬体重增加，11只体重没有

改变，17只体重减轻，20只犬的信息没有获得。26只犬（46%）有轻度造口部位并发症包括分泌物、肿胀、红斑、疼痛。26只犬中有15只更换了胃饲管；11个因为患病动物切除而取代，6个由于管磨损而更换，3个由于其他原因而更换。3只犬因为移除他们的胃造口饲管而对其实施了安乐死，2只犬由于管明显发生移动而对其实施安乐死，1只死于腹膜炎。根据这份报告，胃造口饲管对于改善肾功能衰竭犬的营养状况是安全且有效的。在另一份报告中，96%犬或猫的主人使用胃造口饲管有一个积极的经验，如果必要会再次选择胃造口饲管。

除了提供卡路里（能量），某些特定营养可能改变犬猫CKD的进展。随着功能肾单位的减少，剩余肾单位内部压力增加；术语称为肾小球内高压。肾小球内高压增加剩余肾单位的滤过率。随着时间推移，肾小球内高压会对这些肾单位造成损伤。对于诱导CKD犬，给含有ω-3脂肪酸的膳食可以降低肾小球内高压，维持肾小球滤过率，提高生存率。在本研究中，饲喂ω-3长链脂肪酸实际上可增加肾功能，且保持存活20个月以上。与膳食中含有ω-6脂肪酸相比，膳食中含有ω-3脂肪酸更能减少犬发生肾小球硬化、肾小管间质纤维化、间质炎症细胞浸润。ω-3脂肪酸可降低高胆固醇血症，抑制炎症反应和凝血，降低血压，改善肾脏血液动力学。膳食中ω-6与ω-3脂肪酸的比例为（3～5）：1时对肾衰竭有益且很多肾衰竭粮中都含有这样的比例。

B族维生素是水溶性维生素，可能在CKD多尿期会减少。B族维生素不足可能在某种程度上，与CKD中常发生的食欲下降/厌食有关。最近的一项研究表明，B族维生素缺乏在CKD患病动物并不常见。尽管如此，犬猫CKD粮仍补充B族维生素。

氧化应激是CKD的一个重要组成部分。肾细胞，特别是肾小管细胞，是代谢最活跃的细胞。肾脏持续保持高水平的线粒体氧化

磷酸化和动脉血流，在这样的环境中容易形成活性氧。影响活性氧产生的重要因子包括血管紧张素Ⅱ、肾小球高压、高滤过率、肾小管高代谢率、全身动脉高血压、贫血、局部缺氧和肾脏炎症。活性氧生成的结果可能是肾小球硬化和间质纤维化，从而促进CKD的进展。通过治疗全身性动脉高血压，纠正贫血，提供ω-3脂肪酸，给予血管紧张素转化酶抑制剂可以减少肾脏氧化应激。在诱导猫CKD的一项研究中，提供维生素C、E和β胡萝卜素4周，通过测量血清水平8-羟基脱氧鸟苷和彗星试验参数(comet assay parameters)发现氧化应激下降。

　　补充ω-3脂肪酸和抗氧化剂尚未在猫身上进行充分的评估。一个对几种肾病处方粮作用效果的回顾性研究发现，给猫饲喂ω-3脂肪酸含量最高的处方粮其生存率最高。然而，该研究属于回顾性，从这些数据不可能准确评估膳食中ω-3脂肪酸的影响。

　　最近，一种药用大黄提取物（大黄）已经成为犬猫CKD可用药物。在大鼠诱导CKD模型实验中可以减少肾纤维化。一项关于猫CKD的研究显示单独或结合贝那普利（benazepril）治疗没有好处。

3.3 电解质

　　肾脏参与调解机体电解质平衡。电解质在肾小球过滤，大多数过滤的电解质在近曲小管被重吸收，肾单位重吸收或分泌电解质量取决于机体状态。与CKD相关的电解质紊乱是低钾血症，在猫常见而犬偶见，已有报道在CKD第2或3阶段，有20%～30%的猫发生低钾血症。低钾血症发生的可能原因有食欲下降或厌食症，经由肾脏过度丢失，慢性代谢性酸中毒引起的细胞间转移和膳食中钠的限制引起的肾素-血管紧张素-醛固酮系统的激活。低钾血症通常表现为多肌病。临床症状包括活动减少和肌肉无力或典型的端坐时无法抬头（图2）。此外，低钾血症可能导致食欲下降或厌食且促进CKD的进展。血浆或血清钾浓度应该在参考值的中上值。CKD患

图2　低钾血症多肌病，患有CKD的18岁去势国产短毛猫

病动物一旦存在低钾血症，整个身体钾含量很低，且很难补充。

　　血清钾浓度为1.8 mmol/L，用于CKD患病动物的膳食中补充钾，特别是柠檬酸钾作为钾的来源和碱化剂。在某种程度上这是根据低钾和高酸含量的膳食影响和损害肾功能，促进猫小管间质淋巴浆细胞损伤的发展。可以口服葡萄糖酸钾或柠檬酸钾补充钾。如果患病动物正在接受皮下输液，可以向液体中补充含量为氯化钾，其浓度最多可达30 mmol/L。高于此的浓度可能会对注射部位产生刺激。也可根据血液中钾的浓度（表4），通过静脉注射的方式补充氯化钾。由于可能会出现心脏毒性，输液速率不能超过0.5 mmol/（kg·h）。均可通过葡糖酸盐或柠檬酸盐口服补充钾；由于柠檬酸钾具有碱化作用而更常使用。给药剂量为葡萄糖酸钾（犬和猫，2 mmol/kg，PO，q 12 h）或柠檬酸钾（犬和猫，75 mg/kg，PO，q 12 h）；根据将钾补充至参考范围的偏中上部分浓度来调整量。如果存在低钾血症多肌病，通常在注射或口服补钾后1～5d内解决。经典的商业改良CKD犬猫膳食中，犬粮中钾的含量是干物质的0.4%～0.8%，猫粮中钾的含量是干物质的0.7%～1.2%。

表4　静脉补钾的指南

血清钾 (mmol/L)	乳酸林格液中钾的添加量 (mmol/L)	最大流速 [ml/(kg·h)]
<2.0	80	6
2.1~2.5	60	8
2.6~3.0	40	12
3.1~3.5	28	18
3.6~5.0	20	25

CKD患病动物的血钠浓度通常是正常的。CKD患病动物可能由于血容量收缩而发生钠潴留。这可在某种程度上促进全身性动脉高血压的发生，因此限制膳食中钠的含量对于CKD患病动物可能是有益的。此外，有证据表明过多的钠盐摄入可能对肾脏有害且影响高血压药物的治疗效果。然而，过多限制钠的摄入也是有害的。一项诱导猫CKD试验的研究表明，膳食中钠的浓度限制到50 mg/kg时，由于激活了肾素-血管紧张素-醛固酮系统而促进低钾血症。另外，在一项研究中，饮食摄入钠为1.1%时增加CKD猫的氮质血症的发生。经典的商用改良CKD犬和猫粮，犬粮中钠的含量是干物质的0.3%或更少，猫粮中钠的含量是干物质的0.4%或更少。

3.4 血液pH（酸碱状态）

正常情况下，酸通过肾脏排泄，CKD时常由于酸潴留而伴发代谢性酸中毒。据报道，患CKD的猫处于第2或3阶段时，代谢性酸中毒的发生率低于10%，但发生尿毒症时的发生率接近50%。对于CKD患病动物，代谢酸潴留会增加，氨的产生增加，但碳酸氢盐的回收减少。代谢性酸中毒常并发有食欲下降/厌食、低钾血症、肌无力。据报道，人医给CKD患者提供碳酸氢盐可以减缓病情的发展并改善营养状况。代谢性酸中毒会引起钾的跨细胞转移，因为血液中氢离子浓度升高导致氢离子向细胞内转移，作为交换，钾离子离开细胞进入循环。然后引起钾排泄，在某种程度上，有发生低钾血症的倾向。酸碱状态可以通过对动脉或静脉血气分析测量血液中pH和碳酸氢盐浓度。测量血浆或血清碳酸氢盐，也称为总二氧化碳，衡量酸碱状态。治疗目标是保持正常浓度；人医CKD的第3或4阶段，血清碳酸氢盐浓度的过高或过低都可增加死亡率。有几种治疗代谢性酸中毒的方法。许多肾衰竭粮中含有碱化剂，通常为柠檬酸钾，也是钾的来源。由于日粮中蛋白的代谢产生有机酸，并由肾脏排出，因此需要限制膳食中蛋白的摄入以减少有机酸的产生。补充碱化剂可包括柠檬酸钾和碳酸氢钠。由于柠檬酸钾（犬和猫，75 mg/kg，PO，q 12 h）除了具有碱化作用还提供钾，因此优先选择。碳酸氢钠（犬和猫，8~12 mg/kg，PO，q 8~12 h）提供了钾，但可能会恶化全身性高血压且由于钠潴留而使液体潴留。

3.5 蛋白尿

随着病情的发展，患CKD的犬猫会发生蛋白尿。蛋白尿是肾小球病变的标志，然而即使没有明显的主要肾小球疾病，蛋白尿似乎也具有肾毒性。人医CKD，减少蛋白尿可以减缓病程发展。然而，在犬猫CKD没有这样的证据。蛋白尿可通过几种机制促进肾损伤的进程，包括肾小球系膜毒性，管状过载和增生，毒性来自特定过滤的蛋白质（如转铁蛋白），和促炎分子的诱导（如单核细胞趋化蛋白-1）。过度蛋白尿可能通过有毒的或受体介导的通路或一个过载溶酶体降解机制损伤肾小管。异常的过度过滤蛋白质积聚在肾小管管腔，经内吞后进入肾小管上皮细胞，通过上调血管活性和炎性基因分泌入小管周围组织，在此引发炎症反应导致小管间质损伤。另外，补体成分可能会进入滤液并启动间质损伤，过滤蛋白形成梗阻物阻塞小管。

蛋白尿往往通过尿常规检测的半定量测试试纸条检测。并被进一步定位于肾前、肾性或肾后性。肾后性蛋白尿最常见的原因包括尿路感染或炎症（血浆蛋白渗出到尿液）和血尿（血浆蛋白和红细胞的丢失）。肾前性蛋白尿包括溶血（如血红蛋白尿）和血球蛋白过多（如浆细胞骨髓瘤）。在排除肾前性和

※估计需要补液量的毫升数=体重（kg）×脱水的百分比×1 000。

※维持液体需求估计为2.2 ml/（$BW_{kg}\cdot h$）

※通过其他途径丢失的液体量可估计为1.1 ml/（$BW_{kg}\cdot h$）

肾后性病因后被定位于肾性蛋白尿。肾性蛋白尿通常认为发生在肾小球；然而，管状障碍［如范可尼综合征（Fanconi syndrome）］和间质疾病导致蛋白尿，虽然程度较轻。一旦肾前和肾后因素被排除，可以通过UPC测定验证和定量肾蛋白尿。健康的犬和猫UPC<0.2；猫在0.2~0.4之间，犬0.2~0.5称为边缘型蛋白尿，猫>0.4，犬>0.5属于异常。对于患CKD的犬和猫，当第一阶段UPC>0.2（原文为2.0，疑是原文有误）提示需要治疗，当猫的UPC>0.4，犬的UPC>0.5时，提示CKD阶段处于2~4阶段。人医的CKD患者，减少蛋白尿可以减缓病程发展；然而，在犬猫CKD没有这样的证据。

肾性蛋白尿的治疗包括减少过滤和损失的蛋白质，主要是白蛋白。饲喂限制蛋白的膳食以降低肾蛋白尿的程度。血管紧张素转换酶抑制剂（依那普利和贝那普利：犬和猫，0.25~0.10 mg/kg，PO，q 12~24 h）也被证明可以减少犬猫蛋白尿。推荐使用贝那普利，因为贝那普利通过胆汁排泄，可以减少CKD患病动物经肾排泄。开始用血管紧张素-转换酶抑制剂治疗大约7d后需要评估血清/血浆肌酐浓度。浓度大于0.2 mg/dL的表明由于治疗引起肾小球滤过率减少，应该调整剂量。ω小球脂肪酸，特别是二十碳五烯酸（EPA）和二十二碳六烯酸（DHA）也对肾蛋白尿有益。脂肪酸ω6∶ω3比例在3∶1~5∶1是有益的，且存在于许多肾衰处方粮中。如果必要，ω处方粮脂肪酸也可以补充犬和猫（300 mgEPA+DHA每10~22 kg，PO，q 24 h）。

犬原发性肾小球蛋白尿需要考虑免疫抑制治疗，因为大约50%犬肾小球性蛋白尿的犬在肾活检评估中有免疫介导性疾病。

3.6 水合作用

CKD患病动物由于功能性肾单位数减少使得浓缩尿能力下降而出现多尿。多尿被多饮所抵消。由于多尿，如果水分的丢失超过水的摄入量可能发生脱水，CKD猫比CKD犬更常见。脱水的患病动物需要采用肠外途径补液。认为静脉注射好于其他肠外途径。静脉注射由3部分组成：所需补液量、维持液体量和正在丢失量（如呕吐、腹泻等）。

※估计需要补液量的毫升数=体重（kg）×脱水的百分比×1 000。

※维持液体需求估计为2.2 ml/（$BW_{kg}\cdot h$）

※通过其他途径丢失的液体量可估计为1.1 ml/（$BW_{kg}\cdot h$）

通过24h提供洁净淡水、饲喂处方罐头，或在干粮中添加水以防止脱水的发生。如果使用循环饮水器猫可能会喝更多。对于一些患病动物，尤其是猫，当它们无法通过经口摄入维持水合时，可以通过皮下通路补充液体。皮下输液使用带20或22号针头的注射器或液体袋进行。皮下输液最简单的方法是将液体注入身体背部肩胛骨之间皮肤松弛的部位。猫通过皮下注输液补充液体通常需要12~72 h内补充75~150 ml。乳酸林格液是最常用的；然而，也可以使用其他类型的液体。可以添加氯化钾至20 mmol/L于皮下注射的液体中；高于此浓度，引起机体不适。有些患病动物对皮下输液不耐受。饲管，如鼻饲管或更推荐食管造口或胃造口术来可以放置和使用。如果口服途径不可用，可以通过食管造口术和胃造口术饲管进行饮食输送和给予药物。

3.7 代谢产物蓄积

在CKD患病动物中，正常经尿液排出的代谢物蓄积在体内。这些物质包括含氮化合物（血尿素氮和肌酐）等。排泄含氮化合物是肾脏的主要功能，含氮化合物潴留会引起CKD的相关临床症状。氮质血症是CKD的一个特点。因此，限制膳食中的蛋白质是合乎逻辑的。关于限制膳食蛋白的含量对于CKD进程影响的研究结果尚有争议。限制膳食蛋白含量可以降低氮质血症，减少以肉为主的膳食中磷的含量，减少膳食蛋白代谢酸的生成，减少胃酸产生的刺激，可能减少降压药的用量，减少红细胞生成素的使用。CKD犬猫粮中，犬粮蛋白质的含量通常是干物质的14%～20%，猫粮蛋白质的含量通常是干物质的28%～35%。

有3个关于自发CKD的研究：2个为猫，1个为犬。在这些研究中，包含更低的蛋白质、磷和更高的钾、B族维生素、卡路里、碱化成分和ω卡路脂肪酸的特制膳食，与成年犬或猫维持粮相比较。这些研究结果显示对CKD犬和猫有益：患病动物存活时间更长，尿毒症发作更少，第一次尿毒症在发病后较长时间才出现，主人认为的生活质量更好。虽然肾功能衰竭处方粮种蛋白质含量低于非处方维持成犬（猫）粮，但仍然含有充足且具有更高生物利用度的蛋白。

在膳食中添加益生元和益生菌可以通过消除胃肠道中少量的氮而实现氮的重新分布，因此降低氮质血症的程度。益生元是膳食纤维，属于可溶性纤维能促进结肠中有益菌的增殖，从而促进氮在肠腔中代谢形成尿素而排出去。细菌的增殖也促进肠腔内细菌对氮的摄取和利用，以减少结肠对氮的吸收。益生菌认为是中胃肠道中具有活性的非致病性细菌，可提供与益生源相同的好

处。这样的益生菌（Azodyl; Vetoquinol, Lure Cedex,France）已经商业化，其商标标记为"肠道透析"。一个小的无对照研究表明可以降低氮质血症的程度，然而一个有对照组研究显示，伴随食物与否给予益生菌未发现有好处。

3.8 其他肾损害－避免

环境、药物、毒素和感染可能通过诱导肾前性氮质血症（脱水）或通过影响肾单位使CKD恶化。脱水不仅会使氮质血症（肾前的）恶化，也会导致肾脏的急性损伤导致加速CKD的发展。CKD患病动物对脱水的耐受性低。药物，如氨基糖苷类、尿酸化剂、两性霉素类、非甾体抗炎药、血管紧张素转化酶抑制剂和分解代谢药（如糖皮质激素和免疫抑制药物）可能对肾单位有毒性。这些药物应该谨慎用于CKD患病动物或者不用。CKD患病动物尿路细菌性感染的发病率更高，据报道达到20%。导致CKD患病动物尿路细菌性感染风险增加的原因包括尿液稀释，白细胞过早凋亡，白细胞补充和功能降低，尿液中免疫球蛋白浓度降低。尿路细菌性感染可能不表现临床症状。如果感染从膀胱逆行到达肾脏，则可促进CKD的发展。如果可能应避免预防性抗菌治疗，因为它会使多种细菌产生耐药性。一些抗菌药物（如氨基糖苷类）具有肾毒性且许多经肾排泄；因此药代动力学参数可能发生改变。此外，一些抗菌药物可能造成食欲下降/厌食、呕吐和/或腹泻而引起脱水。许多CKD患病动物的尿路细菌性感染可能不存在脓尿或者血尿，因此有必要通过膀胱穿刺收集尿液进行需氧微生物培养，以证明尿路存在细菌性感染。

3.9 神经内分泌功能

CKD发生时可能有3个神经内分泌功能异常：肾继发性甲状旁腺功能亢进、再生障碍性贫血和全身性动脉高血压。

3.9.1 肾继发性甲状旁腺功能亢进 肾继发性甲状旁腺功能亢进常发生于CKD，越是CKD后期，甲状旁腺功能亢进越容易发生。在极

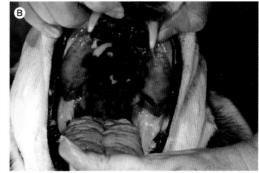

图3 8岁去势达尔马提亚CKD犬的肾继发性甲状旁腺功能亢进和纤维性骨营养不良。A. 上颌骨和下颌骨增大，患病动物无法闭合嘴；B. 患病动物上颌骨和下颌骨被过多的纤维组织替代

端情况下，肾继发性甲状旁腺功能亢进导致纤维性骨营养不良，特别是下颌骨和上颌骨；常先天性发生或青年犬发作CKD的患病动物，但也可能发生于成年患病动物（图3）。它发生的部分原因是由于磷滞留和骨化三醇（1,25-二羟基维生素D_3）新陈代谢减少所致。肾小管细包含有1小管羟化酶，可以将25-羟维生素D转化为活化的1,25-二羟基维生素D_3。骨化三醇刺激胃肠吸收钙和磷，抑制甲状旁腺激素的产生。甲状旁腺激素刺激肾脏重吸收的钙和排泄磷，刺激骨骼中钙和磷的释放，刺激骨化三醇的产生。CKD患病动物骨化三醇的酶活性降低。骨化三醇减少，甲状旁腺素产生和分泌增加。甲状旁腺激素可能是引起尿毒症的毒素。随着肾小球滤过率降低，出现高磷血症，这可能会导致营养不良性矿化和促进CKD的发展，并进一步抑制骨化三醇的产生。高磷血症促进CKD的发展并降低存活率。

治疗肾继发性甲状旁腺功能亢进旨在减少血清磷浓度和尽可能降低甲状旁腺激素浓度。目标是实现血清磷浓度在第2阶段低于4.5 mg/dL，第3阶段低于5.0 mg/dL，第4阶段低于6.0 mg/dL。通过给予低磷饮食、磷酸盐结合剂和骨化三醇来降低血磷浓度。商品化处方粮中，用于CKD犬的磷含量是干物质的0.2%~0.5%的，用于CKD猫的磷含量是干物

质的0.3%~0.6%。

有几种磷酸盐结合剂可用。一般来说，可用氢氧化铝（犬和猫，30~100 mg/kg，PO，q 24 h分成几次，随餐给予）。虽然有报道高剂量氢氧化铝可发生中毒，但主要的副作用是便秘和厌食。含钙的磷酸盐结合剂，如乙酸钙（PhosLo；纳比生物制药，罗克韦尔市，MD；犬和猫，60~90 mg/kg，PO，q 24 h分成几次，随餐给予）和壳聚糖酸钙（Epakitan；法国威隆；犬和猫：200 mg/kg，与餐混合在一起口服）可用。现已证明，含碳酸钙的聚氨基葡糖磷酸盐结合剂能够降低自发CKD猫的血清磷浓度。除了上述副作用，如果与骨化三醇同时给予，也可发生高钙血症。无钙和无铝的磷酸盐结合剂包括司维拉姆盐酸盐（Renalgel；Genzyme, Cambridge, MA, USA；犬和猫，400~1 600 mg，PO，q 8~12h）和碳酸镧（Fosrenal; Shire, Wayne, PA, USA，Renalzin，Bayer, Newbury, UK，犬和猫，30~90 mg/kg，PO，分成几次，随餐给予）。这两个对犬和猫似乎副作用最小；但尚未得到有对照组参与的评价。

患CKD犬猫，在晚期（第3和4阶段）发生维生素D缺乏症。骨化三醇治疗CKD的益处认为是由其对甲状旁腺激素和矿物质代谢的影响。然而，还发现其他对肾有益的影响，包括抑制肾素–血管紧张素–醛固酮系统的活性，

全身性维生素D受体的激活，降低足细胞丢失而引起肾小球肥大。补充骨化三醇（犬和猫：初始剂量2.0～2.5 ng/kg，PO，q 24 h，若甲状旁腺激素浓度不正常则增加剂量，如果发生高钙血症则降低剂量；不超过5 ng/kg，PO，q 24 h）有助于降低血清磷浓度和甲状旁腺激素浓度。因为骨化三醇可以提高肠道对钙和磷的吸收，不应随餐给予；在晚上空腹给药可以降低发生高钙血症的风险。当骨化三醇治疗时存在高钙血症，翻倍使用剂量，并每2d给1次，以降低骨化三醇诱导的肠道吸收。补充骨化三醇可增加食欲，活动和生活质量。到目前为止，已证明可以提高犬第3或4阶段CKD的生存率，而对第1和2阶段，但对于CKD猫的任何阶段均未发现有益处。

3.9.2 再生障碍性贫血　CKD患病动物经常发生正常红细胞、正常色素、非再生性贫血。贫血的原因包括肾生成促红细胞生成素功能下降，食欲下降/厌食引起的营养失衡，红细胞寿命缩短和尿毒症性肠胃炎引起的失血。有证据表明，贫血与CKD时血流量和氧输送减少，氧化应激和纤维化诱导有关。已经表明，CKD患病动物如果红细胞压积在35%以上可以增加生存率。治疗包括保持良好的营养状况，减少胃肠道失血，刺激红细胞产生。

CKD患病动物可能由于尿毒症肠胃炎而引起失血。CKD患病动物可能发生高胃泌素血症，胃泌激素刺激胃壁细胞生产盐酸导致胃酸过多。组胺$_2$-受体-阻断药有利于减少胃酸产生，尽管力度不大，且效果可能是暂时的。质子泵抑制剂（犬和猫，奥美拉唑：0.7～2.0 mg/kg，PO，q 12～24 h；埃索美拉唑：0.7 mg/kg，PO，q 12 h）通过抑制位于细胞膜的钾-氢泵减少胃酸分泌；他们是最有效的抗酸药。硫糖铝也是一个抗酸剂，有结合磷酸盐的性能，用于治疗胃溃疡疾病。

药物可能刺激骨髓产生红细胞。合成类固醇被用来刺激红细胞产生和刺激食欲。虽然可刺激食欲和增加肌肉量，但对促进红细胞包生产的作用很小，还可能诱发肝病。除了合成代谢类固醇，也可补充其他激素包括红细胞生成素（犬和猫，最初剂量皮下注射1 200 IU/kg，每周3次，根据血细胞压积调整）和达依泊汀，一种长效型促红细胞生成素（诱导期：1.5 μg/kg 每7d皮下注射一次，当达到所需血细胞压积后降低剂量至每14d一次；根据反应调整频率和剂量）。研究表明给予CKD犬猫红细胞生成素，即使红细胞压积升高之前也感觉良好。限制红细胞生成素给予的主要因素是抗红细胞生成素抗体的生成，20%～70%的患病动物会生成抗红细胞生成素抗体。对达依泊汀（darbepoetin）进行无对照的研究发现。因为抗体的产生，当红细胞压积低于20%或患病动物感觉不舒服，贫血但没有达到该程度时，推荐给予促红细胞生成素。达贝泊汀治疗贫血可从小剂量开始以减少抗体产生的风险。因为尿毒症性肠胃炎常发，应补充铁抵消贫血引起的铁缺乏（硫酸亚铁：犬，100～300 mg，PO，q 24 h；猫，50～100 mg，PO，q 24 h；右旋糖酐铁：犬，10～20 mg，IM，q 3～4 周；猫，50 mg，IM，q 3～4 周）。此外，应治疗感染防止铁的吸收减少，因其可能会导致红细胞生成素和达依泊汀药效降低。作者认为目标是使红细胞压积达到35%～40%。这是基于一项猫CKD的研究结果，其中疾病渐进组平均红细胞压积为32%（间距范围为29%～36%），疾病无发展组的平均红细胞压积为36%（间距范围为34%～41%）。一旦达到目标，可以慢慢减少剂量找到控制贫血的最低剂量。给药的并发症包括注射部位刺激、全身性动脉高血压和红细胞增多症。患病动物对治疗有反应，但红细胞压积下降，怀疑产生了抗重组人红细胞生成素抗体。此外，确保没有发生缺铁，因为缺铁会导致红细胞产生减少。

3.9.3 全身性动脉高血压　据报道犬猫CKD患病动物全身性动脉高血压发生率在65%～75%。发生全身性动脉高血压，在某种程度上是由于肾素-血管紧张素-醛固酮系统激活，血管加压素（抗利尿激素）增加，交感神经紧张。

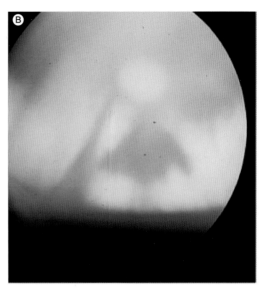

图4　14岁绝育短毛猫患CKD，高血压性视网膜病变和失明。A. 右眼瞳孔扩张是由于视网膜脱离和眼前房存在出血；B. 眼底检查右眼显示视网膜脱离和视网膜出血

间接测定全身性动脉高血压可以确诊所有CKD患病动物和用于CKD亚期（substage）。全身性动脉高血压可能促进CKD和蛋白尿的发展；导致左心室肥大和可能左心衰竭；神经学特征如缺血性脑病、癫痫和死亡；眼部疾病如视网膜血管迂曲和出血，眼前房积血和失明（图4）。当收缩压大于160 mmHg时，发病风险为中等到高等。通过间接测量全身性动脉高血压作出诊断，虽然可以通过股动脉套管插入术直接测量。动脉血压测量可通过多普勒测振仪器间接测得。多普勒监测使用多普勒效应来测定收缩压。尽管可以用多普勒仪测得均值和舒张压，但是困难且不准确。示波仪通过检测血管壁震动来测量收缩压、均值和舒张压。示波仪易于使用，但对技术要求高。间接血压可通过掌、跖或尾骨动脉来测定的。

除非有证据表明存在视网膜病变、神经症状、不明原因的CKD的进展，或收缩压高于180 mmHg，否则无需紧急采用降压药治疗。CKD患病动物2～4阶段动脉收缩压持续高于160 mmHg（AP2；见表1）或CKD患病动物第1阶段动脉收缩压持续高于180 mmHg

（AP3；见表1）是候选治疗。治疗的目标是使收缩压小于150 mmHg。限制钠摄入有助于降低全身动脉血压且可以加强抗高血压药的效果。钙通道阻断剂（氨氯地平：犬，0.25～0.5 mg/kg，PO，q 12～24 h；猫，0.625～1.25 mg PO，q 12～24 h）是犬猫CKD最有效的抗高血压药。它们通过诱导动脉血管舒张来降低全身动脉血压，且平均动脉收缩压减少了50 mmHg。此外，它们有可能有助于减少蛋白尿的程度，但不如血管紧张素转化酶抑制剂有效。氨氯地平安全几乎没有副作用。血管紧张素转化酶抑制剂（卡托普利：犬和猫，0.25～1.0 mg/kg，PO，q 12～24 h；贝那普利：犬和猫，0.225～0.5 mg/kg，PO，q12～24 h）减少血管紧张素Ⅰ向血管紧张素Ⅱ的转化，导致血管舒张和减少醛固酮的产生。他们能更有效的降低蛋白尿的程度，但平均降低动脉收缩压10 mmHg。给予血管紧张素转化酶抑制剂可能会增加氮质血症和钾的浓度。给予血管紧张素转化酶治疗7～10d后应进行实验室评估或调整剂量。血管紧张素转化酶抑制剂尚无显示可以减缓猫CKD的进程除非患病动物UPC大于1.0。钙通道阻断剂和血管紧张素转化酶抑制剂可以一起使用。其他治疗全身性动脉高血压可以使用包括血管紧张素受体阻断剂（ARBs；厄贝沙坦：犬，5 mg/kg，PO，q 12~24 h；或氯沙坦：犬，1~5 mg/kg，PO，q 12~24 h），β_9-阻断剂（阿替洛尔：犬，0.25~1.0 mg/kg，PO，q 12~24 h；猫，0.5~3.0 mg/kg，PO，q 12~24 h），α-阻断剂（哌唑嗪：犬，1 mg/15 kg，PO，q 12~24 h；猫：0.25~0.5 mg，PO，q 12~24 h），直接小动脉血管舒张药（肼苯哒嗪：犬，0.5~2.0 mg/kg，PO，q 12~24 h；猫，2.5 mg，PO，q 12~24 h），和醛固酮受体拮抗剂（螺内酯：犬和猫1~2 mg/kg，PO，q 12 h）。

3.10 动态监测

因为CKD是动态的、渐进的，应该对所有的CKD患病动物进行动态监测以便调整治疗方案。监测内容应该包括身体状况、体重、肌肉状况、胸腔听诊、水合状态评估、间接测量全身动脉血压、全血细胞计数、生化分析、尿液分析和通过膀胱穿刺收集尿液进行需氧微生物培养。监测的频率和范围取决于CKD进展的速度，任何可能影响到肾功能的非肾性因素，主人的满意度和经济能力。

4 怎样完善CKD的治疗

在CKD患病动物中，早期发现是应对治疗的一个重要因素。在1~2岁和5~10岁后每年测定血清肌酐浓度和尿比重十分关键。有助于发现CKD的早期并介入治疗，以提供更好的生活质量和更长的寿命。需要注意的是使用国际肾功能不全学会系统对氮质血症进行诊断时，每个化验室使用的正常参考范围会有所不同。推荐使用国际肾功能不全学会推荐的血清肌酐浓度，当猫的血清肌酐浓度大于1.6 mg/dL，犬的血清肌酐浓度大于1.4 mg/dL，则考虑为氮质血症。每个化验室的肌酐分析技术是一致的；因此，认为0.2 mg/dL的变化存在显著差异。另外存在明显的肾脏疾病而不出现氮质血症（第1阶段）。无论何时，测量血清肌酐浓度时应同时测量尿比重

间以解释血清肌酐浓度。一个完整的尿液分析提供很多关于泌尿道健康状态的信息，且应该收集作为最小的数据库的一部分。使用国际肾功能不全学会制定的分期系统对指导治疗和检测，以及患病动物之间的比较至关重要。然而，应该根据各个患病动物的情况和主人的具体情况采取个体化治疗的方案，避免过度医疗。最小化或消除影响肾功能的非肾性因素。

尽管进行适当的治疗和监测，CKD的本质是一个渐进性疾病。早期诊断和治疗能够改变发展速度，并为患病动物提供更好的生活质量和更长的寿命。可以指导主人通过观察饮水量、尿量、食物摄入、体重、身体和肌肉状况，活动量和行为习惯评估疾病。

5 确诊为CKD的动物应何时改变饮食

改变膳食是治疗CKD患病动物的一个重要组成部分。改变膳食可以抵消CKD患病动物的许多不足和过多。CKD处方粮不仅仅是限制蛋白的摄入，还有能量的补充、磷和钠的限制，增加了钾和B族维生素，并包含脂肪酸$\omega 3$、可溶性纤维，且具有碱化作用。膳食改变已经被证明改善了氮质血症CKD犬猫的生活质量和寿命（第2阶段或更高），但没有对第1阶段、无蛋白尿CKD影响的评估性研究。尽管如此，对于大多数CKD患病动物而言，应该在诊断时就改变膳食。此外，在病情较轻、患病动物感觉良好时改变膳食，比等到病程发展需要治疗时改变膳食更容易。

6 总结

关于犬猫CKD的诊断和治疗包括改变膳食和药物治疗已经做了很多工作。使用国际肾功能不全学会制定的分期系统是诊断和治疗，评估治疗反应，以及比较各种研究结果的基础。

审稿1：钟友刚　中国农业大学
审稿2：麻武仁　西北农林科技大学
（参考文献略，需者可函索）

小动物临床医源性感染
Hospital-associated infections in small animal practice

译者：宋子域*
原文作者：Jason W. Stull 和 J. Scott Weese
选自：北美兽医临床Vet Clin Small Anim，vol 45，(2015) 217-233

关键词：医院内、感染，小动物，医源性

要点：

✦ 与医院相关的感染（HAIs）发生于兽医诊疗中，而且它们的频率还可能会增加。

✦ 尿路感染、肺炎、血液感染、手术部位感染和感染性腹泻都是在兽医诊疗中被指出的发病频率最高的HAIs。

✦ 所有的工作人员都应该接受关于HAIs的风险教育，以便HAIs被尽早的发现和妥善的处理。

✦ 医院感染控制计划：包括一个专门管控传染病的专员、一份书面协议和员工培训，对减少HAIs发病率和保障患病动物、工作人员以及客户的健康至关重要。

1 前言：问题的本质

与医院相关的（医源性）感染（HAIs）有时被称为院内感染，是由患病动物在住院期间所感获的医源病症，这种风险同时存在于人类医院和动物医院当中。在人类医院中，HAIs所造成的疾病和死亡是大家所公认的，约有5%的病人散播HAIs，且每年有成千上万的人死于HAIs。据估计，在美国，人类HAIs每年造成的直接经济损失占到了280亿~450亿美元，这其中还不包括大量的间接损失（比如：社区护理费用、薪资损失和病人与看护人员的生产力）。在兽医当中，这一领域的数据是有限的。在某些方面，风险可能会更低，因为相比人类而言，患病的动物在长期住院、免疫力极低以及接受高度侵袭医疗程序等方面的比例更低。然而，这一领域的研究可能因多种因素而面临挑战。患病动物卫生面临更多的挑战：让患病动物谨遵医嘱十分困难（如不可舔舐伤口），自觉进行感染控制更少。尽管当前在兽医领域的数据是有限的，然而与人类研究相似的HAI数据已有报道。比如一项研究表明重症监护室的患病动物HAI率高达16%。在一个长达五年时期的调查中，欧洲兽医教学医院报道了至少一起HAI的暴发，北美洲和欧洲45%的兽医教学医院报道过多次HAIs暴发。许多这样的暴发要求严格的病畜接收率（58%）或关闭医院或某部门（32%）。因此，尽管HAI在兽医临床

译者简介
宋子域 男，中国农业大学，1027152311@qq.com。

当中不便于量化，但它们却是不可否认的关注点。

在兽医领域的患病动物当中存在许多来自HAIs的潜在风险。动物可能会因为住院天数的增多（伴随着病例和临床花费的增多）而遭受HAI。这些患病动物也可能会遭受长期的健康问题或HAIs可能导致它们死亡。多重耐药机制（MDROs）常与HAIs相关，从而使得治疗复杂化，并且导致较差的治疗结果和大范围HAI暴发。此外，医源性（HA）病原体［比如，耐甲氧西林金黄色葡萄球菌（MRSA）、沙门氏菌］是可以传播给医院员工或动物主人，从而导致人类疾病的。而且，随着兽医的发展，更多侵入性的检查、更多侵入性设备的使用（如导尿管、静脉导管）、更多免疫抑制剂疗法、更大强度的急救护理管理也会导致相当的HAI风险。患病动物也许能够在原有疾病中幸存下来，但应该高度怀疑存在感染病史。

也许关于HAIs的话题在人类医学中最为重要的假设是，10%～70%的HAIs是可以通过应用实际感染控制措施来预防的。通过对感染的控制和干预而产生的庞大的经济收益是可以评估的（仅在美国就有60亿～320亿美元的节省空间）。在兽医临床当中，可干预的HAIs发生比例是未知的，但可能的情况是，感染概率降低10%会对患病动物的健康、饲主的花费和饲主对兽医的满意度造成重大的影响。针对单纯感染的常规干扰措施可以显著地减少HAIs。

2 方法/目标

对一群患病动物和看护者的感染和/或病原体的传播而言，感染控制是最适合小动物医疗预防（或限制）的。这一目标的核心是建立和细化每个动物医院的感染控制流程。每个动物医院的感染控制流程是不同的，这反映了其独特的病原体风险因子、设备、人员特征、服务的动物数量和风险承受能力的水平。然而，每个感染控制流程应当至少包括以下几点：

- 一名负责传染病控制的人员（也称为传染病专业控制员）；
- 书面的感染控制协议（计划）；
- 定期对员工进行针对医源感染防控协议的培训（对培训的书面记录及其内容的评估）；
- 监控发病率和感染控制协议的执行情况。

综上所述，感染控制流程应当明确动物与人存在的HAI风险，并通过执行控制流程来降低该风险。最终的结果将是给员工、对所有患病动物进行最理想的护理和公共卫生保障提供一个更安全的工作环境。尽管良好的感染控制措施不是定义患病动物护理完美性的唯一指标，但没有这些措施就不可能获得良好的患病动物护理级别。在兽医中，从感染控制的角度来看，"可接受"的标准正在改变，而且很明显这一"要求"正在因为所期望的护理标准而提升。

3 流行病学

在人类医学中，尿路感染（UTIs）、肺炎、手术部位感染（SSIs）和血液感染（BSIs）约占所有HAIs的80%。在兽医当中，尽管上呼吸道感染、皮肤真菌感染、医源性血源性病原体感染、多种介入性设备造成的感染也会发生，但UTIs、SSIs、BSIs连同胃肠疾病（感染性腹泻）可能是最常见的HAIs。这些主要的区域感染都将在后文进行逐一讨论：主要突出（哪里可能的话）发病率、疾病的风险因素和常见的病原体。因对SSIs另拟他文，所以在此不予讨论。

3.1 感染部位

3.1.1 尿路感染（UTIs） 导尿造成的UTIs是小动物临床中最为常见的一种HAIs，虽然这方面的数据常因为无法区分菌尿症（一种潜在的良性病）和UTI（疾病）而受到限制。研究报道，导尿造成的菌尿症发生于10%～32%的住院犬中，这其中包括表现出示病症状或发生感染的其他证据的病例。导尿管会干扰正常的防御机制，比如黏膜分泌的黏附抑制剂（润滑液）、某些并发症因素和导尿管操作性因素，会导致导尿管上的细菌逆行进入膀胱。这些病原体可能是内源性的，来源于直肠或会阴，或者直接来源于医院环境或泌尿道的排泄污染物。如果是尿液收集设备被污染，细菌可以通过导尿管随逆行尿流向上升至膀胱。当尿液收集设备高于动物身体水平线时，逆行尿流就可能发生；冲洗和堵塞尿液收集设备也会引发逆行尿流。此外，菌膜（一种微生物的复杂结构和胞外基质）会因细菌而产生于导尿管表面。菌膜的形成与不足的抗菌剂、细菌的耐药性和失败的疗法有关。

3.1.2 肺炎

在人类医学中，如卧位、机械通气、使用气管或鼻胃管等多种因素都可能增加HA肺炎的风险。这一问题在兽医领域很少被调查研究，很大程度上是因为机械通气的有限使用。在一项研究中，猫因为通气造成的HA肺炎病例常可分离出大肠杆菌和假单胞菌。客观而言，吸入性肺炎在小动物临床中并不少见，并广泛发生于住院动物的各种疾病或其他健康动物的镇静与麻醉当中。除了已知的人类HA肺炎因素外，吸入性肺炎的患病因素，比如喉部或食管疾病、精神萎靡或侧躺都可能增加HAI风险。如果这些病患已在通气前住院多日，则更有可能是口咽部残存的来自医院环境中或操作人员手上的细菌，而且肺炎更有可能涉及MDROs（多重耐药致病菌），特别是病患已经接受了抗生素治疗。

3.1.3 血液感染（BSI）

在人类医学论文中，大多数HA BSIs都是由于血管内装置造成的。导管插入术已经成为公认的最为重要的导管类（CR）BSIs（大多发生于放置导管4~5d后）危险因素。尽管会增加风险，但研究尚未得出一种有效的除更换导管（如每3d一换）外的预防办法。在人类医学中，对于导管，目前的建议就是撤离导管，但不是一种常规化的操作。而在兽医当中，类似的方法也是可行的。

兽医研究显示颈静脉导管和静脉内留置针受到肠道或环境病原菌的污染。犬猫静脉

> 通常分离的微生物包括葡萄球菌、大肠杆菌、肠杆菌属的某些种、变形杆菌属的某些种和克雷伯氏菌属的某些种。污染可能发生于人放置或处理导管的过程、病患自身的菌群或医院环境。

留置针受到污染的因素有以下几点：葡萄糖注射液的残存、长久放置的导管和患病动物免疫低下（存在免疫抑制性疾病或使用免疫抑制剂）。通常分离的微生物包括葡萄球菌、大肠杆菌、肠杆菌属的某些种、变形杆菌属的某些种和克雷伯氏菌属的某些种。污染可能发生于人放置或处理导管的过程、病患自身的菌群或医院环境。然而，几乎没有证据表明弄脏却没有被污染的导管（也就是说，可从这些导管中分离到细菌，但是这些导管插入点和静脉在临床上属于正常）会对随后的BSI构成风险。因此，导管移除时的常规细菌培养或导管插入位点的细菌培养并不做推荐，因为存在皮肤细菌的干扰。兽医临床中有关CR BSIs的暴发常与不充分的皮肤准备或将污染的材料用于皮肤准备有关。最值得注意的是被某些对化学物质有抗性的细菌所污染的灭菌剂或防腐剂。

3.1.4 感染性腹泻

HA胃肠道感染通常是由住院病例显著增加（暴发）的感染性腹泻来判读的。尽管腹泻的诊断很简单，但通常来说究其原因则比较困难，甚至在病原体已知的情况下也较难阐明腹泻的原因。在小动物临床中，沙门氏菌是最常见的引起胃肠道HAI的病原体。然而，是否因为沙门氏菌的威胁性更大还是相比于其他潜在的原因沙门氏菌（更有可能）更易被识别，这一点尚不明确。对于非住院的小动物来说，已经确认的一些沙门氏菌侵袭或感染的风险因素包括：动物

在人类医学中，HAI往往通过自发的或者强制的医院报告进行防控。因此，HAI的发生（趋势）评估已很完善。在美国，近期有数据表明90%的HAIs是细菌造成的，都是一些常见菌群，包括金黄色葡萄球菌、肠球菌属、大肠杆菌、凝固酶阴性葡萄球菌（CoNs）、克雷伯氏菌属、绿脓杆菌、肠杆菌属和鲍氏不动杆菌。

物种（如爬行动物、两栖动物、年轻的家禽、外来物种）、投喂动物源性生食（如生肉或生鸡蛋、生皮）、家畜的应激和近期投喂益生菌。这些因素可能大幅地增加沙门氏菌的感染概率，14%～69%的犬只因为这其中的一个或多个风险因素而被感染，相比之下，没有这些因素干扰的正常犬只的感染概率不到5%。然而，这个问题目前尚不清楚，因为大多数的腹泻会被忽视或者不执行检测，相反群发性腹泻似乎也并不常见。

引起小动物HAIs的病原体通常有以下一个或多个特点：伴侣动物或人的机会性病原体，环境稳定性强或多重耐药性。许多HAIs病原体都是可见于健康动物的机会性致病菌，无法阻止这些病原体进入动物圈舍。每个病原体的发生频率因兽医的实际处理而不同（在一定程度上受抗菌药物使用、地理地形、动物种类、动物疫苗覆盖率、护理水平等因素影响）。此外，环境稳定性强的病原体（如细小病毒、梭菌孢子、皮癣菌）就有了明显的"优势"，增加其传播的机会。鉴于兽医人员和病患之间的密切互动以及通常不被注意的手部卫生，实践表明在兽医当中存在人兽共患病HAIs的风险。最后，对于抗生素的耐药性增加是大多数医源细菌的一个共同特征。

从小动物感染控制的角度来关注一些病原体（表1）。虽然可能涉及HAI的病原体有很多，但因为急剧上升的感染、抗生素选择的有限和潜在的公共卫生问题，引发人们对

表1　小动物临床重要的病原体

腺病毒（犬）	细小病毒（犬、猫）
支气管炎博德特菌	呼吸道冠状病毒（犬）
杯状病毒（猫）	多耐药微生物
衣原体（猫）	不动杆菌属
犬瘟热病毒（犬）	大肠杆菌
疱疹病毒（猫）	肠球菌属
流感病毒（犬、变异）	沙门氏菌属
小孢子菌属	葡萄球菌属
副流感病毒（犬）	假单胞菌属

多重耐药细菌的新兴流行病学的强烈关注。并不是这些MDROs（多重耐药菌）本身要比对抗生素敏感的细菌毒性大，而是治疗方法的局限性使得预后更加糟糕。最近，美国疾病控制和预防中心就人医临床、经济影响、发病率、传播性、有效抗生素的可用性和预防障碍方面评估了其国内抗生素耐药性的威胁。与兽医临床HAIs相关的几种重要病原体被概括为"严重的抗生素耐药性威胁"，即不动杆菌属、超广谱β-内酰胺酶产生的肠杆菌科（ESBLs）、绿脓杆菌、沙门氏菌属和MRSA（耐甲氧西林金黄色葡萄球菌）。因为动物和人可能共同感染或相互传播某些共同病原体，所以在兽医领域也同等重要。此外，上述这些病原体都可以在患病动物体上找到。鉴于这些新的威胁和兽医人员对这些病原体有限的认知，本文主要关注引起HAIs的MDROs。

在人类医学中，HAI往往通过自发的或者

强制的医院报告进行防控。因此，HAI的发生（趋势）评估已很完善。在美国，近期有数据表明90%的HAIs是细菌造成的，都是一些常见菌群，包括金黄色葡萄球菌、肠球菌属、大肠杆菌、凝固酶阴性葡萄球菌（CoNs）、克雷伯氏菌属、绿脓杆菌、肠杆菌属和鲍氏不动杆菌。

尽管这一领域很重要，但目前对于引发兽医临床HAIs的重要MDROs和其他病原体的流行病学方面的许多知识还不明确（如患病率、危险因素和传播途径）。不幸的是，伴侣小动物医学的监控系统实施缓慢，不过这种情况正在改变。目前，大部分数据来自对临床分离株的有限回顾性研究，有可能会导致环境和培养的偏差，进而可能误判这些病原体发生的频率，同时会因为某些原因而过高地评估抗生素耐药性的普遍性。无论如何，基于兽医HA暴发的报道或人类医学论文的推测，几个重要的引起HAIs的MDROs应当被大家熟知：金黄色葡萄球菌、肠球菌、沙门氏菌属、不动杆菌属、大肠杆菌和其他肠杆菌科，以及假单胞菌属。现已总结了常见多重耐药病原体的独特耐药机制和治疗选择。读者可从北美兽医的另一篇关于这一问题的文章获得指导：Guardabassi和Prescot编写的"小动物临床之抗菌管理：从理论到实践"，进而扩充引起HAIs的MDROs相关抗菌管理的知识。

3.2 目前造成医源性感染的多耐药微生物的例子

3.2.1 葡萄球菌　金黄色伪中间葡萄球菌和金黄色葡萄球菌是兽医HAIs常见的原因。二者都常分别存在于犬和人类的皮肤和黏膜表面，造成潜在的内源性感染（在住院期间由动物体本身携带的细菌引起的感染）和成为住院期间从其他动物、周围环境和护理人员身上直接或间接病原体的来源。甲氧西林耐药性在这些物种（耐甲氧西林伪中间金黄色葡萄球菌MRSP和耐甲氧西林金黄色葡萄球菌MRSA）上的出现对于HAI的防控具有重要的启示。甲氧西林耐药性是通过mecA基因介导

的进而对β-内酰胺酶抗生素（青霉素、头孢菌素和碳青霉烯）产生耐药性。此外，耐药性还表现在其他抗生素上：克林霉素、氟喹诺酮类、大环内酯类（红霉素）、四环素和甲氧苄氨嘧啶。

MRSA在人类HAI中是一种重要的病原体，是SSIs和其他各类型感染的常见原因。MRSA也在兽医HAIs中较小程度地指出。兽医MRSA引起的HAI的风险因素并没有得到充分的研究，但抗菌药物使用前、住院前、兽医和人类卫生保健工作者或学者的护理期间和较长的住院期间（多于3d）都与MRSA在犬只上的侵袭和传染有关。此外，人类医学中氟喹诺酮类药物和头孢菌素的联合使用跟MRSA的出现存在关联，并且在兽医临床当中也能出现类似状况。值得注意的是，相比普通大众而言，兽医发生MRSA感染的比例呈现异常的高水平。因此，如果感染控制操作（尤其是手部卫生）不达标的话，这些兽医可作为其医治的患病动物发生HAIs的一种传播来源。这也可能表明缺乏感染控制的标准和卫生习惯使得MRSA在兽医人员和动物之间传播。

MRSP通常以高水平的抗生素耐药性在犬群中迅速传播，而又因伪中间金黄色葡萄球菌在犬（和少部分猫）中是主要的机会致病菌，从而备受关注。MRSP是引发某些地区SSIs最常见的原因，而且因其高水平的抗生素耐药性使得治疗十分复杂。在一项研究中，超过90%的MRSP菌落都对添加4种抗生素表现出耐药。最近的住院前治疗和β-内酰胺酶生素管理都与MRSP感染有关，暗示着医源性传播可能是引发MRSP疾病的一个因素。

应当提及有关CoNS（凝固酶阴性葡萄球菌）的话题。兽医诊断实验室经常将这些种类的细菌当作一个群来讨论且很少对其物种进行定性。CoNS常以高甲氧西林耐药性共生于健康的小型动物物种中。除了重度免疫缺陷个体外，即使是那些具有多重耐药性的菌种，CoNS通常也被假设不会引起足够的临床关注。这一假设在某些情况下不能使人信

> 对产ESBL的耐药菌最重要的治疗药物之一是碳青霉烯类抗生素（如美罗培南）。而不幸的是，产碳青霉烯酶的肠杆菌（或称抗碳青霉烯酶肠杆菌，CRE）（包括大肠杆菌）已经成为了人类医疗中的一个重大问题。

服，而且一些CoNS菌种可能比其他菌类更具临床相关性。然而，这类菌群引发的疾病与伪中间金黄色葡萄球菌和金黄色葡萄球菌相比仍旧是少见的。不过这类菌群共生于皮肤或者黏膜上的特点，这使得细菌培养的结果很复杂，因为从污染物中区分是哪一菌造成的感染很困难。

3.2.2 大肠杆菌 大肠杆菌是常见的肠道共生菌群中的一种，同时也是很重要的一种病原体，特别是在UTIs中。MDRE大肠杆菌常常随着社区或住院小动物的粪便被排出。有许多因素都会影响在院期间的犬只排出或感染多耐药性大肠杆菌，包括住院时间（多于3d）和住院之前或住院期间的抗生素治疗史（头孢菌素、甲硝唑）。

对于大肠杆菌和其他肠道细菌（比如肠杆菌属）来说，耐药性是一个很重要的问题。尽管产β-内酰胺酶的多耐药性菌已经普遍存在一段时间了，但最近却出现了产ESBLs（超广谱β-内酰胺酶）的耐药菌，这使得这类细菌对多种β-内酰胺类抗菌素产生了耐药性，包括第三代头孢菌素。此外，ESBLs赋予了这些耐药菌以基因关联的耐药机制抵抗其他种类的抗生素。通过对医院污染物的检测，产超广谱β-内酰胺酶的耐药大肠杆菌已被确认是引发兽医临床中SSIs和导尿管造成的UTIs的病原体。而被认为是人类HAIs重要病原体的其他肠道细菌种属（即克雷伯氏菌属、肠杆菌属）则很少在兽医临床感染中发现。

对产ESBL的耐药菌最重要的治疗药物之一是碳青霉烯类抗生素（如美罗培南）。而不幸的是，产碳青霉烯酶的肠杆菌（或称抗碳青霉烯酶肠杆菌，CRE）（包括大肠杆菌）已经成为了人类医疗中的一个重大问题。新的耐药机制不断产生，且细菌不断变异为光谱耐药，而CREs又因其快速传播的能力威胁着社区健康。已有人类感染CRE的高死亡率（>40%）记录。而对于小动物医源性感染来说，CRE是最近才得到鉴别的。就目前而言，CRE的医源性感染似乎还比较少见，但尽管如此，随着人类CREs的发生率逐渐增加，CREs暴发于宠物中的概率也会随之增加。

3.2.3 肠球菌 肠球菌通常可在人类和动物的胃肠消化道内发现。肠球菌分为屎肠球菌（*Enterococcus faecium*）和粪肠球菌（*Enterococcus faecalis*）两个种类，尽管肠球菌的毒力有限，且主要引起免疫低下宿主的感染，但是二者都是引起包括HAIs在内的疾病的最常见病原体。肠球菌本就对数种抗生素有耐药性，包括头孢菌素、青霉素、氟喹诺酮、克林霉素、甲氧苄氨嘧啶。它们还可以获得对其他抗生素的耐药性，尽管它们毒力有限，但是当它们造成疾病时，想要清除它们同样具有难度。人类医学对耐万古霉素肠球菌（VRE）的关注越来越多，在HAIs中，已发现83%的屎肠球菌对万古霉素耐药。虽然迄今为止，VRE在伴侣动物上还很罕见。不过倒是经常可在小动物HAIs中鉴定出其他多耐药性肠球菌。肠球菌通常被认为是UTIs（包括导尿管引发的UTIs）的病原体；但是肠球菌还可感染引发其他解剖结构（如SSIs、BSIs和肺炎）。高度的耐药性、对小动物宿主持续共生的能力和环境适应力使得肠球菌成为包括HAIs在内的一个医学挑战。

值得注意的是，分离到肠球菌菌种并不提示需要提供治疗。若肠球菌没有引起免疫功能正常的动物表现临床病症，并且可能不用治疗或监护。当在出现了临床病症的动物（尤其是发生了泌尿道感染、伤口或者体腔感染）分离到肠球菌时，通常都需要靶向性治疗被认为是引起临床疾病的主要病原体。经常会出现忽略肠球菌而去靶向治疗另一种更有说服力的病原体，如大肠杆菌。

3.2.4 沙门氏菌属 沙门氏菌在马的诊疗中很常见，不过在小动物临床中它已经被确认为散发病和医源性流行病的病原体。要注意的是，沙门氏菌可引发人畜共患HAIs。因为大多数的犬猫感染沙门氏菌都呈现亚临床症状，被我们疏忽的医院环境污染物和医源性传播均有较高的风险。已报道的会增加小动物排出沙门氏菌风险的因素包括生食肉、家畜造成的应激和近30d里投喂益生菌。类似大肠杆菌，已在小动物中分离出产ESBL的高耐药菌株。鉴于其环境稳定性、可通过健康动物隐性排出和作为威胁临床工作人员和客户的重要人畜共患病，应当将沙门氏菌视为一种重要的伴侣动物的医源性病原体。

3.2.5 不动杆菌属 不动杆菌被公认为人类医学中的一种重要的HA病原体，部分原因是因为近期发现，鲍曼不动杆菌有着高水平的抗生素耐药性。一项研究表明，引发HAIs的鲍曼不动杆菌中超过60%具有多耐药性。鉴于鲍曼不动杆菌是小动物临床中的一种机会性致病菌，有在环境中长期适应生存的能力和相关兽医领域的暴发记录，它也被兽医所关注。涉及鲍曼不动杆菌的HAIs记录有静脉感染、导尿管导致的尿路感染、外科手术感染、SSIs、肺炎和BSIs。

3.2.6 假单胞菌属 人们经常遇到多耐药性假单胞菌。加之假单胞菌在医院环境中的持续存在，使其成为了引发HAI的关注点。对人类而言，大多数假单胞菌的感染是医源性（HA）的，且发生于免疫功能不全的个体。而对伴侣动物而言，假单胞菌的感染通常涉及皮肤、泌尿系统、耳以及SSIs和侵入性装置的感染。假单胞菌生物膜的形成还会使得治疗更加复杂化。要想辨别医院内假单胞菌感染的来源，则应该准确调查潜在的环境污染、设备（如内镜）或耗材（如导尿管）。

4 挑战/风险

在大部分小动物医疗机构（即使不是所有的）每天都会接收患病动物。此外，无论健康与否，每一个被允许进入兽医诊所的动物都可假设在机会合适情况下向外界排出可引起人类和动物感染的大量病原微生物。因此，总是存在引进和扩散HAIs和动物源性病原体的风险。风险的等级将由某些因素来决定，动物群体本身（如年轻、老年、免疫功能不全），社区动物间传播的病原体，患病动物的比例以及对它们的防护和它们主人对它们的照顾（如接种疫苗、减少获得病原体的饲养措施），对患病动物的精心护理以及临床感染控制措施和实践并坚持这些做法的员工和客户。兽医诊所的工作人员无法对这些风险做出太多改变；但是有规划的感染控制措施是一个不错的方法。

5 预防

虽然目标是对HAIs的完全预防，但病例的护理、细菌的环境适应性和许多病原体的复杂性（亚临床隐性排毒、不敏感的诊断测试）这些因素都将使得HAIs不可避免地发生。降低HAIs发生风险的方法是至关重要的。一般来说，减少HAI的方法主要分为以下几类：

- 手部卫生和个人防护用品（PPE）的使用（如减少来自操作人员、患病动物和环境污染的服装和/或手套）；
- 清洁和灭菌（环境表面和患病动物所使用的仪器设备）；
- 患病动物管理（如基于风险的陪护、隔离高危病例、停止使用高危设备）；
- 监护（鉴别已感染或被病原体入侵的患病动物、HAIs、病原体/风险因素）；
- 抗菌药物使用管理（谨慎地使用抗生素）；
- 教育和培训（员工、客户）。

这些方法不仅会减少一些明显的诸如医源性传染病暴发问题，还能减少患病动物被

> 消毒剂应当按照标准进行选用，包括其杀菌活力的抗菌谱、有机化学稳定性和对环境中潜在病原体的效果。

HA病原体侵袭的可能性，这些病原体可能会成为患病动物的常驻微生物，而增加动物日后发生疾病的风险，同时给其他动物和人类带来隐患。每个地区的每家医院都应当有一份感染控制手册。很多的"模版"都可作为发展符合自身情况的医院计划的切入点；鼓励感染控制专员来审查这些资源。《北美临床兽医》杂志的小动物专栏中的个别文章讨论了这个议题，所以在这里不加赘述。不幸的是，研究显示仅有少数的小动物兽医医院写有感染控制计划（0～31%）。考虑书写感染控制计划相对轻松以及它可能带来的健康、法律和经济的收益，每个诊所都应该投入时间和精力来考虑制作感染控制计划。

5.1 手部卫生和个人防护设备

手部卫生（用肥皂和水洗手或使用含酒精成分的洗手液）和个人防护用品（PPE）的使用，比如灭菌的手套和白大褂，都是一些减少HAIs风险的简单措施。有效的手部卫生和个人防护用品的恰当使用会减少个人衣物污染的风险、减少兽医人员皮肤和黏膜暴露于病原体的风险和减少兽医人员在患病动物之间间接传播病原体的风险。不幸的是，一些研究表明，兽医和工作人员在实际操作中手部卫生达标的仅约20%，使用PPE的仅6%～37%。

5.2 清洁和消毒

最近的证据显示，人类医院因环境污染而引发的HAI风险有所增加，相反，减少环境污染的干预措施已经有助于中断HA暴发或减少HAIs。这同样也发生在兽医临床当中。医院设备和外环境的有效清洁和灭菌对减少HAIs起着重要的作用。为了有效使用消毒剂，物品或外环境必须先进行清洁（无有机洗剂的参与），消毒剂必须要按照厂商说明进行稀释和按时浸泡（即消毒剂与被消毒的物品的接触时间）。消毒剂应当按照标准进行选用，包括其杀菌活力的抗菌谱、有机化学稳定性和对环境中潜在病原体的效果。

5.3 病例管理

鉴于患病动物与它们医院病房的亲密接触，医院环境污染的威胁是不可避免的。此外，工作人员在照顾这些患病动物时也会增加患病动物或其周围环境病原体传播的风险。为了保护其他患病动物和临床人员，要对这些患病动物病房的感染控制进行特别的关注。隔离程序、专用的医疗设备和集中患病动物，都是减少HAIs传播的重要举措。此外，特殊的病例护理程序可能会减少与导尿管造成的尿路感染、吸入性肺炎、BSIs、感染性腹泻和SSIs相关的HAIs发生率。

定居在医院的一些小动物有时可能会作为献血动物、员工陪护动物或另有他用。因为这些动物可能携有MDR病原体并成为医院污染物或传染病的病源，医院应特别制定有关这些动物的接触和活动区域的专门政策（不允许和患病动物或有患病动物的区域进行直接接触，即便是患病动物进行运动和疾病排查的区域）。

5.4 监护

HAIs的早期辨别对有效的防控是至关重要的。识别"异常"（发病率上升或模式改变）取决于对"正常"的合理理解。正确理解流行率可以有效地提供对比参数，还可以正在进行的监测建立基准，为干预措施提供一个基础，能向客户提供更多精确的有关风险（如

SSI率）的咨询服务，还能提供对HAIs及其相应防控措施重要性的更好的整体认知。对于HAI来说，因为兽医缺乏集中的数据资料或交流信息，造成大量的环境污染、患病动物发病率（和潜在的病死率），甚至增加工作人员和客户罹患人兽共患疾病的风险，所以HAI在一段兽医人员无法察觉的时间后而"闷声"暴发并非不寻常。早期识别HAI的关键因素包括：①一套为兽医操作风险及需求而定制的监测程序；②诊断性培养基和易受影响的数据的常规使用，建立实践特定的关于病原体患病率和抗生素耐药性的基准线，并根据这个基线监测变化。

5.5 抗菌药物管理

仔细选择和合理使用抗生素对抵御动物多重耐药菌发展及随后的医院环境污染及传播均是十分重要的步骤。在细菌未被鉴定出来前应当禁止使用抗生素。感染初期抗生素的选择应当基于抵抗最有可能造成这次感染的病原体的药物有效性（可以通过监测数据来确定），以及患病动物（肾功能、并发症）和药物（药效、给药途径、给药频率）等因素来进行选择。只要有可能，应该针对涉及的细菌种类进行培养，以判断其真实的药物敏感性。局部治疗也是一种常常被忽视的重要方法。

5.6 教育和培训

据报道，在兽医的职业生涯中，大约2/3的兽医因为与动物有关的损伤而失去工作或住院治疗。动物咬伤和感染是这一风险的很大一部分原因，但动物源性感染〔如耐甲氧西林金黄色葡萄球菌、脚癣（皮肤癣）、沙门氏菌病〕也常常被报道。教育员工和客户熟知动物源性疾病的风险和强制性院内感染防控计划都会降低这类风险，并有益于人们和动物的健康。所有的兽医人员和客户都该熟悉医院感染防控计划和条例。

5.7 感染控制官/感染控制专员

感染控制官对于感染控制计划的成功实施、保持和执行来说是不可或缺的部分。在人类医疗领域中，感染控制官是经过正规的培训并取得合格证书的专职人员，感染控制程序还由受专门接受过传染病、感染防控和微生物培训的医师来监察。在兽医领域中，这种模式仅适用于大规模的兽医机构（主要是教学医院），而这其中的基本概念对于任何类型和规模的兽医院同样适用。在兽医院当中，一个专门管控感染防控程序的感染控制官可在最短的时间内发挥其指导作用。这个专员可以是技术员也可以是对感染防控有兴趣的兽医。对感染控制官的能力要求（如感染控制的一般概念）可在工作过程中获得，而不用刻意准备，而且有限时间和正常情况下也不用特殊增加一个职位。相反，感染防控工作还可由现职人员来从事。填补这个职位最重要的是具有对感染防控的兴趣、对临床感染防控条例改进的积极性和医院领导者（所有者和兽医师）对这个职位的支持度。没有医院领导者的全面支持（如执行所需要的时间、财政投资和感染控制政策），感染控制官和感染控制计划都不可能成功。

6 总结

兽医中已报道过HAIs，并且其频率还可能随着很多兽医院的重症监护病例的增加而增加。长期住院和使用侵入性设备和程序都会增加HAI的风险。所有的工作人员都应该接受有关HAIs的风险培训，这样就可以及早发现并妥善处理HAIs。最后，对于小动物医疗中的HAIs而言，一个多面的方法很有必要，包括抗生素的谨慎使用、伴侣动物HAIs的强化监督、感染控制措施的改善（如手部卫生、PPE、清洁和消毒、患病动物管理）、向员工灌输感染控制的知识并加强安全、提升卫生保健和抗生素的公众教育。一套医源性感染的控制程序包括一名感染控制官、一份书面计划和一整套员工培训，这些都是成功减少HAIs的基础和主要组成部分。

审稿：靳朝 吉林农业大学

（参考文献略，需者可函索）

《小动物医学》征稿启事

　　《小动物医学》由中国畜牧兽医学会小动物医学分会组编。本出版物以小动物临床医学需求为根本出发点，以满足临床诊疗需求为导向，以提高小动物临床医生执业能力为目的，以促进中国小动物医学行业发展为己任。我们聘请了国内相关专业两院院士等作为科学顾问，并有以施振声教授、林德贵教授等一批优秀的临床专家学者医师组成的编委团队，并且与北美兽医杂志以及美国兽医协会都有深度长期的合作。目的是打造中国小动物医学发展的平台，让世界了解中国兽医发展，成为中国兽医国际交流的窗口。

　　为办好《小动物医学》丛书，现面向广大临床小动物临床医师、学生、老师以及其他宠物临床相关行业从业人员征稿，欢迎大家踊跃投稿。

征稿说明

1 征文范围

犬猫临床诊疗及经验、犬猫临床研究、稀有动物诊疗及技术、文献综述摘要等内容。

2 要求

1. 来稿应具有科学性、创新性和实用性。已在杂志或报刊上正式发表的论文不采用。
2. 要求文字规范，论据可靠，数据准确，文字精炼。无论临床研究还是病例报告应包括摘要、关键词、图片及参考文献，参考文献数量原则上不少于4篇。
3. 投稿文章的标题、摘要和关键词，要求中英对照。
4. 文章内所有作者需标明单位、地址、邮编，"通讯作者"用*标出。并注明通讯作者单位、联系方式。
5. 为保证印刷质量，来稿均统一提供电子版文档、文中出现的原图，均由电子邮箱发送稿件。
6. 本书不退稿，请作者自留底稿。

3 稿件采用

1. 本书不收取审稿费、稿件处理费及版面费等，并在录用后给第一作者寄样书2本。
2. 被录用稿件将从电子邮件方式告知投稿人。
3. 《小动物医学》编委会对来稿有权进行编辑、修改加工和完善，如不同意修改请在来稿时注明。
4. 录用的文章可以在本书相关的数据库及网站使用，如不同意则来稿时声明。

联系人： 胡婷
邮箱： cnjsam@163.com　**电话：** 010-53329912
微信公众号： xiaodongwuyixuezazhi（"小动物医学杂志"的全拼）
地址： 北京市海淀区中关村SOHO大厦717室
邮编： 100190

《小动物医学》微信公共号

兽医临床病例分析

原著作者： Leslie C. Sharkey M.Judith Radin

主　译： 夏兆飞 陈艳云

内容简介：

本书从临床兽医的需求出发，全面分析了临床兽医在实际工作中遇到的各种病例，重点强调了血清生化检查的综合判读，适合一线兽医从业者使用。

全书共分为七章，第一章为判读计划，从整体出发，给大家提供了良好的分析思路；第二至七章分别从肝酶升高、胃肠道疾病和碳水化合物代谢的检查、血清蛋白、肾功能检查、钙磷镁异常、电解质和酸碱功能的评估等方面，选取不同的病例加以分析，由浅入深，层次分明。每章都有"科教书式"的经典案例，以加深我们对不同疾病的理解。

小动物临床实验室诊断（第5版）

原著作者： Michael D. Willard Harold Tvedten

主　译： 郝智慧

内容简介：

本书在美国出版后受到读者普遍欢迎，作者贯彻"简单即是好"的原则，实用的技术使得本书再次修订，与时俱进紧跟最新技术。主要内容包括：基本实验室原则，全血细胞计数，骨髓检查，血液储备：整体评估及选择计数，红细胞异常，白细胞异常，止血异常，电解质和酸碱失衡，泌尿功能障碍，内分泌、代谢和脂类紊乱，胃肠、胰腺和肝功能紊乱，积液异常，呼吸性与心脏疾病，免疫和血浆蛋白紊乱，精神失常，传染病，炎性肿块或肿瘤块的细胞学检查，实验室毒理诊断，治疗药物检测等。

小动物伤口管理与重建手术（第3版）

原著作者： Michael M.Pavletic

主　译： 袁占奎 李增强 牛光斌 等

内容简介：

本书的第3版在第2版的基础上增加了新发展的伤口管理和重建手术技术，最新的疑难伤口管理和小动物外科医生可用的伤口护理产品的信息，辅以文字注释的彩色病例照片，关于绷带/夹板技术、包皮重建手术、疑难皮瓣管理等新的章节。贯穿全书的信息栏强调了重点，并增加了作者基于35年伤口管理和重建手术经验的个人观察。相信读者会发现本书是学习小动物手术修复的实用、内容丰富、独一无二的工具书。

新书推荐 //

猫病学（第4版）

原著作者： Gary D. Norsworthy　　Sharon Fooshee Grace
　　　　　　Mitchell A. Crystal　　　Larry P. Tilley

主　　译： 赵兴绪

内容简介：

　　《猫病学》是当今国际上影响最大的一部专门介绍猫病诊断和治疗的学术著作。全书根据病猫的特点及猫主的需求设计，以尽可能满足全球临诊兽医的需求。新版保留了其综合性及易于查找的特点，各篇中的主题仍以字母顺序排列。另外，新增了500多幅图片，对行为学、临床方法及手术的篇章作了大量修改，补充了大量X线、B超、CT及MRI影像诊断技术和病例。

　　本书是目前为止世界上猫病学的权威专著，对有兴趣从事猫病诊疗、科研和教学的所有人员都不失为一本重要参考书。

兽医病理学（第5版）

原著作者： James.F Zachary　　M.Donald McGavin

主　　译： 赵德明　　杨利锋　　周向梅

内容简介：

　　本书由来自美国和加拿大的25位著名的病理学专家共同撰写，是欧美等许多国家兽医病理学研究领域的经典著作。全书由病理学总论和器官系统病理学两大部分组成，从形态学和机制论观点诠释病理学和病理损伤，并重点阐明细胞、组织和器官对损伤的反应。本版除更新现存疾病和新发或再次出现疾病的发病机制外，还增加了疾病的遗传性基础、耳部疾病、韧带和肌腱疾病等内容，同时增添了关于微生物感染机制的新章节，并对主要家畜的特定疾病进行描述。全书约300万字，含有1576张彩色图片、56个表、100个框图，内容丰富、系统全面、图文并茂，将病理学知识与临床疾病紧密结合，是适合兽医病理学领域和相关行业广大学生及从业人员参考的有益工具书。

相关链接

国际链接

世界小动物兽医师协会 www.wsava.org
美国兽医学会www. avma.org
亚洲小动物兽医师会www.fasava.org
英国小动物兽医师会www.bsava.org
国际兽医信息网www. vin.com

国内链接

中国畜牧兽医学会 www.caav.org.cn
中国兽医协会 www.cvma.org.cn
中国畜牧兽医杂志 www.chvm.net
中国农业大学 www.cau.edu.net
东西部小动物临床兽医师大会 www.wesavc.com

派美特宠物医院
PETMATE PET HOSPITAL

派美特，您身边的宠物医疗专家！

派美特宠物医院
PETMATE PET HOSPITAL

她陪你怡悦欢歌而至
她陪你忧伤默声安抚
她陪你嬉戏触碰草尖
她陪你安睡绵软柔长

给她最暖心的呵护
专业宠物医疗尽在派美特

扫描二维码　关注派美特

The 13th
Annual BJSAVA Congress
第十三届北京宠物医师大会！

2017年9月10-13日　北京国际会议中心

国际化的视野和不断的创新精神，
打造小动物诊疗领域深具影响力的学术盛会，

2017精彩继续…

大会组委会/ 秘书处

北京小动物诊疗行业协会　电话：（8610）60275521　邮箱：cnbjsava@aliyun.com　官网：www.bjsavc.org

展览招商

电话：(8610)85164707 85164708　康立辉　手机：13241825933　邮箱：kanglihui1983@126.com